CAISSE IMMOBILIÈRE

BASÉE

SUR UN NOUVEAU SYSTÈME DE CRÉDIT FONCIER.

BAYEUX,

IMPRIMERIE DE LÉON NICOLLE, RUE SAINT-JEAN, 27.

1842

EXPOSÉ PRÉLIMINAIRE.

De nombreux établissements de crédit ont été créés pour les besoins du commerce et de l'industrie; mais l'agriculture est totalement privée de leurs secours. Cette industrie, la première de toutes, assujettie par les exigences de sa nature même à des conditions particulières d'existence et de prospérité, compromet l'un et l'autre et son avenir tout entier, dès qu'elle veut participer aux avantages offerts par ces établissements, parce qu'ils ne peuvent lui procurer qu'un secours passager, éphémère, et par cela même dangereux et inefficace.

Ces établissements ne livrent leurs capitaux que pour un temps extrêmement limité, et moyennant un intérêt élevé en proportion de la brièveté du délai; tandis que pour être profitables à l'agriculture, il faudrait non-seulement qu'on les lui laissât un certain nombre d'années à un taux d'intérêt proportionné au produit des immeubles, mais encore qu'on lui accordât pour sa libération des facilités qui lui permîssent de l'effectuer progressivement, et par portions déterminées, assez légères pour qu'une exploitation bien administrée puisse les acquitter annuellement sur ses seuls produits.

L'agriculture n'a que des garanties hypothécaires à offrir; mais elles ne sont point admises par les caisses de crédit: la nature de ces garanties, les formalités qu'elles nécessitent sont autant d'obstacles à leur admission; encore bien que, comme gage certain et positif, un immeuble présente naturellement plus de motifs de sécurité que n'en peuvent offrir de simples signatures.

Le crédit foncier est donc celui auquel l'agriculture doit avoir recours, car il est le seul toujours à même de lui procurer les plus abondantes ressources; mais il faudrait qu'il fût approprié à ses besoins. La difficulté pour cette industrie n'est pas d'obtenir les capitaux qui lui sont nécessaires, mais bien de les rendre à point nommé au terme convenu; et c'est en cela que le crédit foncier, tel qu'il se pratique, ne répond pas à ses besoins d'une manière satisfaisante, car les chances de succès en agriculture se réalisent dans un temps plus ou moins éloigné, dont il n'est pas possible de déterminer à l'avance le moment précis, qu'il faut pouvoir attendre longtemps et avec persévérance ; il en résulte une incertitude complète sur l'époque la plus convenable à choisir pour le terme de libération, dont la fixation d'ailleurs dépend bien moins de la volonté du débiteur que de celle du créancier.

Outre cela, il faut encore que le débiteur conserve disponible, et partant improductive, la somme destinée pour sa libération à mesure qu'il l'amasse par ses économies ; s'il veut l'utiliser par un emploi momentané, les circonstances viennent en foule déranger ses prévisions, et il s'expose à n'être point en mesure pour l'époque fixée. Une exploitation d'agriculture, quelque bien administrée qu'elle soit d'ailleurs, est souvent obligée de faire le sacrifice de ses plus belles espérances pour se procurer le capital nécessaire à sa libération, lorsqu'elle n'a aucun moyen d'en reculer le terme. L'échéance de sa dette, en la privant tout-à-coup de ses ressources au moment qu'elle en a le plus grand besoin, compromet son existence même; les espérances les mieux fondées, sur le point de se réaliser, s'évanouissent: c'est ainsi que le terme d'échéance arrivé dans un moment fatal, produit sur une exploitation tout l'effet d'un désastre, et que l'époque de sa libération devient aussi celle de sa ruine.

Un nouveau système de crédit foncier approprié à la nature des garanties hypothécaires, et en parfaite harmonie avec les besoins particuliers de l'agriculture, assurera aux débiteurs, en premier lieu, les avantages d'une libération annuelle, progressive et facile; et, en second lieu, les moyens d'activer leur libération par des paiements anticipés pour lesquels ils n'auront à consulter que leurs moyens, leur convenance et leur commodité.

L'agriculture, plus libre dans ses moyens d'action, comptera encore parmi ses avantages, celui de profiter d'une année heureuse et productive comme du vrai moment propice pour accélérer sa libération et anticiper les délais qu'il sera toujours loisible aux débiteurs d'abréger.

Ce système consiste dans la réunion combinée de toutes les garanties sur lesquelles seules repose avec raison la confiance publique, savoir:

1° Les garanties hypothécaires accompagnées des mesures de précaution qui en font le mérite, et en assurent l'efficacité ;

2° Les garanties personnelles reposant sur une moralité constatée, un crédit et une solvabilité notoires, appuyés encore d'un cautionnement en numéraire ;

3° Et, comme complément indispensable, la garantie d'une association régulièrement formée, agissant en qualité de compagnie d'assurances avec un capital suffisant pour faire face à toutes les éventualités.

Un établissement spécial, destiné uniquement pour mettre en pratique les avantages du crédit foncier, sera formé du concours simultané de toutes ces garanties, et remplira les quatre conditions suivantes :

Premièrement. — Sécurité complète pour le capitaliste dans le placement de ses capitaux ;

Deuxièmement. — Le taux de l'intérêt fixé à quatre pour cent sera néanmoins toujours en rapport avec le prix du numéraire résultant de son abondance ou de sa rareté, parce qu'une combinaison lui en fera suivre toutes les variations, et c'est ainsi qu'il sera toujours modéré ;

Troisièmement. — Le créancier aura toujours la faculté de rentrer dans son capital à sa volonté : cette condition est co-relative de celle du taux de l'intérêt, car elle augmente le nombre des prêteurs et donne pour concurrente aux capitalistes tous ceux qui, possédant momentanément du numéraire, saisiront volontiers l'occasion d'un placement, dont le terme est à leur convenance ;

Quatrièmement. — Enfin, un long délai facilitera au débiteur sa libération qu'il opèrera progressivement, et par portions tellement modiques qu'elles ne dépasseront point le produit d'une sage économie. Indépendamment de ce délai stipulé pour sa seule convenance, le débiteur conservera encore la faculté de se libérer par anticipation en autant de paiements qu'il le jugera convenable, sans être obligé à l'avance d'en fixer ni la quotité ni l'époque ; de sorte que s'il est laborieux et intelligent, il profitera des circonstances favorables qu'il saura faire naître au besoin pour activer sa libération.

La faculté d'utiliser ainsi, immédiatement et sur-le-champ, le produit de son labeur est un avantage précieux ; car on sait que le numéraire n'a de vertu réelle que par le mouvement et l'activité ; son utilité ne se révèle que par son emploi ; c'est pourquoi le débiteur en mesure de se libérer en tout ou en partie, et qui néanmoins attend pour le faire que sa somme soit complète, ou que le terme d'échéance soit arrivé, se trouve précisément dans la condition fâcheuse d'un entrepreneur obligé de conserver ses ouvriers, dans les moments où il n'en a pas besoin ; il s'efforce de leur procurer des occupations étrangères à son industrie, pour les tenir en haleine, et atténuer sa perte; mais le préjudice qu'il en éprouve n'en est pas moins réel.

Pour l'intelligence de ce système de crédit, on va faire connaître les bases principales de l'Établissement, son organisation, ses garanties, la nature de ses opérations et les mesures prises pour leur assurer la plus complète sécurité.

CAISSE IMMOBILIÈRE

BASÉE

SUR UN NOUVEAU SYSTÈME DE CRÉDIT FONCIER.

CHAPITRE Ier.

Organisation.

L'Établissement, formé en Société anonyme sous la dénomination de CAISSE IMMOBILIÈRE, sera administré par un Conseil d'administration et un Directeur.

Fonds social de garantie.

La Caisse immobilière ne devant fonctionner que comme intermédiaire entre l'emprunteur à qui elle procure les sommes dont il a besoin, et le capitaliste à qui elle assure le placement de ses capitaux dont elle demeure garante et responsable envers lui, il faut que le fonds social de garantie soit en rapport avec le montant des capitaux placés par son entremise, afin d'offrir un gage certain de sécurité.

Néanmoins, la plus forte partie du fonds social de l'Établissement reste dans les mains des actionnaires de la Société, et est remplacé à la Caisse par des obligations directes non négociables, suffisamment garanties, et toujours exigibles après quinzaine d'avis.

De cette manière, le fonds social n'est réalisé qu'au fur et à mesure des besoins, et les actionnaires, eu égard à la modicité des produits de l'Établissement, pendant les premières années, en tirent néanmoins des avantages proportionnés l'importance de leur mise.

Quant aux chances de perte auxquelles est exposé l'Établissement, en raison de l'insolvabilité des débiteurs, on verra que les risques peuvent à peine l'atteindre, et qu'ils sont d'ailleurs incomparablement moindres que ceux qui menacent constamment les sociétés d'assurances contre l'incendie ou maritimes, dont le fonds social ne s'élève jamais à cinq pour cent du montant des assurances, et qui néanmoins offrent toute sécurité à leurs assurés; car les placements effectués par l'intermédiaire de la Caisse sont déjà et avant tout garantis par de bonnes hypothèques, et de plus, par la responsabilité d'agents solvables et cautionnés, qui auront agi dans chaque opération, comme intermédiaires particuliers entre la caisse et les débiteurs; de sorte que l'Établissement n'est appelé à remplir à cet égard que l'office de la troisième signature qui, en matière commerciale, procure aux effets de commerce les avantages du papier-monnaie, et qui en matière civile et hypothécaire, doit offrir plus de sécurité encore.

Garanties affectées aux placements.

Les placements, opérés par l'intermédiaire de la Caisse, sont garantis de la manière suivante :

1° Par l'hypothèque spéciale que fournit chaque débiteur sur des immeubles reconnus et constatés suffisants pour assurer sa dette ; à cet égard, on va voir que les mesures prises par l'Établissement, ne permettent d'élever aucun doute sur la solvabilité de ses débiteurs, et sur la sincérité de leurs garanties hypothécaires ;

2° Par la responsabilité d'un syndicat de première garantie ;

3° Par le cautionnement spécial fourni en numéraire par chacun des membres du syndicat, outre sa garantie personnelle ;

4° Par un fonds de réserve, tant en numéraire qu'en rentes sur l'état, déposé dans une caisse spéciale, et destiné particulièrement pour assurer la régularité du service de la Caisse immobilière ;

5° Et par le fonds social de l'Établissement, lequel est affecté uniquement à la garantie spéciale, comme assurance contre toutes les éventualités, de quelque nature qu'elles soient, des opérations de la Caisse.

Syndicats de première garantie.

Il sera établi, dans le ressort de chaque cour royale, un Syndicat de première garantie, composé de trois membres, fournissant chacun un cautionnement déterminé.

Les membres composant le même Syndicat seront solidairement responsables des opérations contractées par leur entremise.

Néanmoins, la Caisse ne pourra exercer son recours contre eux qu'après avoir discuté le débiteur.

Attributions du Syndicat.

Les Syndicats, chacun dans le ressort qui leur est assigné, constateront sous leur responsabilité personnelle :

1° L'individualité du débiteur et sa capacité de contracter ;

2° Son droit de propriété aux immeubles par lui offerts en hypothèque, en remontant à leur origine, depuis au moins trente ans ;

3° La valeur de ces immeubles tant en capital qu'en revenus ;

4° Sa situation hypothécaire, et son état civil ; s'il est célibataire, veuf ou marié, tuteur de mineurs ou d'interdits, ou comptable de deniers publics.

Le Syndicat est mis dans l'obligation d'assurer aux placements sous sa responsabilité, la sécurité hypothécaire la plus complète ; il est appelé à faire en cela ce que font habituellement les notaires pour le placement des capitaux de leurs clients, avec cette différence que les notaires ne sont pas toujours déclarés responsables, et qu'ils ne fournissent point un cautionnement particulier pour cette nature d'opérations, bien que les fonds leur soient quelquefois déposés; tandis que le Syndicat, toujours responsable des opérations contractées par son entremise, fournit un cautionnement spécial, et ne peut pas être constitué dépositaire.

Le certificat délivré par le Syndicat sera signé de tous ses membres, et fixera le montant des sommes à fournir sur les garanties offertes.

Indemnité accordée au Syndicat.

Il est alloué au Syndicat, à titre d'indemnité de ses soins et de prime, pour sa garantie particulière, un pour cent du montant de chaque opération.

Cette indemnité lui sera payée, non par les débiteurs, mais par la Caisse.

Le Syndicat touchera cette indemnité dans les trois mois de chaque opération, encore bien que la Caisse ne puisse disposer de la prime de deux et demi pour cent qui lui est allouée à elle même que dans un délai de treize années.

CHAPITRE II.

Opérations de la Caisse.

Sur la production du certificat de solvabilité délivré par les Syndicats de première garantie, avec toutes les pièces à l'appui, la Caisse fournit aux personnes qui contractent avec elle les capitaux dont elles ont besoin, en obligations de la Caisse, payables au porteur.

Mode de libération pour le Débiteur.

Le Débiteur s'engage envers la Caisse à lui payer chaque trimestre, pendant treize années, une annuité de deux et demi pour cent du capital, ce qui fait dix pour cent par an pour les quatre annuités trimestrielles.

L'acquit intégral de toutes les annuités à l'échéance, libère le débiteur, et la Caisse lui en donne quittance avec main-levée de l'inscription hypothécaire.

Toute annuité non acquittée à son échéance produit, à partir de cette époque, un intérêt à raison de cinq pour cent par an, sans retenue, au profit de la Caisse.

Prime d'assurance.

La Caisse perçoit, à titre d'indemnité et de prime d'assurance, deux et demi pour cent du capital de chaque opération.

Le produit de cette prime n'est acquis à l'Établissement qu'à l'expiration du terme de chaque opération, c'est-à-dire après l'extinction complète et absolue des obligations auxquelles elle a donné lieu.

Pendant les treize années accordées au débiteur pour sa libération, et à la Caisse pour le remboursement de ses obligations au porteur, le produit de la prime demeure en dépôt dans une caisse particulière, où il forme un fonds de réserve toujours disponible, et destiné uniquement pour assurer la régularité du service des obligations.

L'indemnité de un pour cent revenant aux Syndicats de première garantie leur est payée par la compagnie chargée de l'administration de la Caisse, avec ses deniers personnels, sans toucher à cette réserve.

Formalités du contrat.

Le Contrat de prêt est passé devant notaires, aux frais du débiteur; il contient la déclaration par lui faite, sous les peines de stellionat, de sa situation hypothécaire et de son état civil.

Création d'obligations au porteur.

Le Contrat passé entre la Caisse et l'emprunteur contient, jusqu'à concurrence du montant du prêt, création d'obligations de cinq cents francs, payables au porteur et négociables.

Ces obligations portent intérêt à raison de 4 pour 0/0, payables annuellement par la Caisse.

Le titre de chaque obligation, extrait d'un registre à souche, contiendra la date et l'énoncé du contrat de prêt, les nom, profession et demeure du débiteur; le montant du capital prêté par la Caisse, l'indication abrégée des immeubles hypothéqués, la date et l'énoncé de l'inscription hypothécaire.

Remboursement des obligations.

Les Obligations seront remboursées par treizième, d'année en année, à mesure de leur sortie, par l'effet d'un tirage au sort qui aura lieu chaque année, et dont le résultat sera rendu public, comme avertissement, aux porteurs.

Pour opérer le tirage au sort, les obligations seront rangées en douze séries, applicables aux douze mois de l'année, de telle sorte que sur treize obligations, créées dans le même mois, il y en a une de remboursable chaque année.

CHAPITRE III.

RAPPORT ENTRE LES ANNUITÉS ET LES OBLIGATIONS.

Des Annuités.

Les Annuités trimestrielles ont été fixées à deux et demi pour cent du principal de la dette contractée par le débiteur: c'est le minimum poussé à son extrême limite; et si le produit de ces Annuités suffit pour faire face annuellement aux intérêts des obligations et à leur remboursement par treizième, ce n'est qu'avec le secours de la prime allouée sur chaque opération.

Moyennant cette faible prime réduite à 1 fr. 50 cent. pour cent par le prélèvement de 1 fr.

revenant au syndicat de première garantie, l'Établissement se trouve en mesure non seulement de suppléer au défaut des Annuités dans les circonstances momentanées où leur produit est insuffisant pour l'acquit des obligations, mais encore de supporter comme Caisse d'assurance et de garantie, les risques résultant de l'insolvabilité des débiteurs ou de toute autre éventualité.

Pour bien établir les rapports qui existent entre les Annuités à recevoir et les Obligations à payer, on va, par un tableau comparatif, faire connaître quels sont, à toutes les époques, les résultats que présente une seule et unique opération, depuis la première jusqu'à la dernière année.

TABLEAU COMPARATIF

DU PRODUIT DES ANNUITÉS A RECEVOIR, AVEC LE MONTANT DES OBLIGATIONS A PAYER, POUR UNE OPÉRATION DE 100 FRANCS.

ÉPOQUES.	Montant des annuités trimestrielles à recevoir.	Montant des paiements à faire pour le service des obligations.			Sommes avancées pour élever les annuités au niveau des obligations.		Rentrée dans ces avances au moyen de la plus-value des annuités.	
		Intérêts.	Remboursement du 13e.	Total.	Principal.	Intérêts composés.	Principal.	Intérêts composés.
1re année. . . .	10f 00c	4f 00c	7f 69c	11f 69c	1f 69c	1f 01c	»f »c	»f »c
2e année.	10 00	3 69	7 69	11 38	1 38	0 74	» »	» »
3e année.	10 00	3 38	7 69	11 07	1 07	0 51	» »	» »
4e année.	10 00	3 08	7 69	10 77	0 77	0 32	» »	» »
5e année.	10 00	2 77	7 69	10 46	0 46	0 17	» »	» »
6e année.	10 00	2 46	7 69	10 15	0 15	0 05	» »	» »
7e année.	10 00	2 16	7 69	9 85	» »	» »	0 15	0 04
8e année.	10 00	1 85	7 69	9 54	» »	» »	0 46	0 10
9e année.	10 00	1 54	7 69	9 23	» »	» »	0 77	0 13
10e année. . . .	10 00	1 24	7 69	8 93	» »	» »	1 07	0 13
11e année. . . .	10 00	0 93	7 69	8 62	» »	» »	1 38	0 12
12e année. . . .	10 00	0 62	7 69	8 31	» »	» »	1 69	0 07
13e année. . . .	10 00	0 28	7 72	8 00	» »	» »	2 00	0 00
Totaux. . . .	130 00	28 00	100 00	128 00	5 52	2 80	7 52	0 59

On voit par ce tableau que les avances à faire par l'Établissement, pour maintenir les Annuités à la hauteur des Obligations pendant les six premières années, s'élèvent à 5 fr. 52 cent., somme de beaucoup supérieure à la remise allouée sur chaque opération : il faut donc que l'Établissement puise à même son capital social pour se procurer la différence.

Il est vrai que les Annuités offrant constamment un excédant de produit les sept années suivantes, l'Établissement qui le perçoit en obtient une somme de 7 fr. 52 cent., et partant supérieure de 2 fr. au principal de ses avances.

Mais il ne faut pas s'y tromper, cet excédant provenant de la différence entre le montant des cinquante-deux Annuités trimestrielles s'élevant à 130 fr., et le montant des paiements à effectuer pour l'acquit intégral des Obligations en principal et intérêts qui ne s'élève qu'à 128 fr., n'est rien moins qu'un bénéfice; car la rentrée des avances se fait longtemps attendre, et les intérêts de ces avances calculés de manière à produire pour l'Établissement le même effet que s'il les percevait annuellement, c'est-à-dire cumulés et ajoutés au principal des sommes avancées, en portent le total à . . . . 8 fr. 32 c.

Tandis qu'en ajoutant au montant des rentrées les intérêts cumulés et calculés de la même manière, le produit total de ces rentrées en principal et intérêts ne s'élève qu'à 8 11

D'où il suit que les avances faites par l'Établissement ne lui sont pas complètement remboursées, et qu'il reste un déficit final de 21 c. pour cent fr. sur le montant de chaque opération. . . . . 0 fr. 21 c.

Par l'effet des combinaisons de ce système de crédit, on verra que ce léger déficit disparaît entièrement et fait place à des bénéfices.

Des Obligations.

Si l'on s'arrête à une opération seule et isolée, onze fr. soixante-neuf cent. sont absorbés la première année tant pour le service des intérêts que pour le remboursement du premier treizième des Obligations ; mais comme les quatre Annuités trimestrielles réunies n'ont produit que 10 fr., il en résulte déjà une avance de 1 fr. 69 cent. à faire par l'Établissement pour élever le montant des Annuités au niveau de celui des Obligations.

Ce déficit diminue progressivement jusqu'à la sixième année où il n'est plus que de 15 cent.

Les sept années suivantes il disparaît dans une progression inverse de celle où il s'est accru, et fait place à un excédant du produit des Annuités sur les Obligations, excédant insuffisant, comme on l'a vu, pour indemniser complètement l'Établissement de ses avances.

Tel serait le résultat d'une opération unique; la nécessité pour l'Établissement de suppléer à l'insuffisance des Annuités, quand leur produit est inférieur aux Obligations; et outre cela, de conserver encore disponible et partant improductif un capital considérable pour assurer le service régulier de la Caisse ; ces deux circonstances réunies absorberaient la remise allouée, et constitueraient l'Établissement en perte.

Mais une suite d'opérations qui se combinent et s'enchaînent produit des résultats bien différents; il ne faut pour s'en convaincre que jeter les yeux sur cet abrégé des opérations de la Caisse pour une période de treize années, à raison de cent fr. d'opérations par mois.

PREMIÈRE PARTIE.

PRODUIT DES ANNUITÉS A RECEVOIR.

ÉPOQUES.	MONTANT DES ANNUITÉS A RECEVOIR.												
	Janvier.	Février.	Mars.	Avril.	Mai.	Juin.	Juillet.	Août.	Septem.	Octobre.	Novem.	Décem.	TOTAL.
	FR. C.	FR. C.	FR. C.	FR. C.	FR. C.	FR. C.	FR. C.	FR. C.	FR. C.	FR. C.	FR. C.	FR. C.	FR. C.
1re année..	» »	» »	» »	2 50	2 50	2 50	5 00	5 00	5 00	7 50	7 50	7 50	45 00
2e année. .	10 00	10 00	10 00	12 50	12 50	12 50	15 00	15 00	15 00	17 50	17 50	17 50	165 00
3e année. .	20 00	20 00	20 00	22 50	22 50	22 50	25 00	25 00	25 00	27 50	27 50	27 50	285 00
4e année. .	30 00	30 00	30 00	32 50	32 50	32 50	35 00	33 00	35 00	37 50	37 50	37 50	405 00
5e année. .	40 00	40 00	40 00	42 50	42 50	42 50	45 00	45 00	45 00	47 50	47 50	47 50	525 00
6e année. .	50 00	50 00	50 00	52 50	52 50	52 50	55 00	55 00	55 00	57 50	57 50	57 50	645 00
7e année. .	60 00	60 00	60 00	62 50	62 50	62 50	65 00	65 00	65 00	67 50	67 50	67 50	765 00
8e année. .	70 00	70 00	70 00	72 50	72 50	72 50	75 00	75 00	75 00	77 50	77 50	77 50	885 00
9e année. .	80 00	80 00	80 00	82 50	82 50	82 50	85 00	85 00	85 00	87 50	87 50	87 50	1005 00
10e année.	90 00	90 00	90 00	92 50	92 50	92 50	95 00	95 00	95 00	97 50	97 50	97 50	1125 00
11e année.	100 00	100 00	100 00	100 50	100 50	100 50	105 00	105 00	103 00	107 50	107 50	107 50	1245 00
12e année.	110 00	110 00	110 00	110 50	110 50	110 50	115 00	115 00	115 00	117 50	117 50	117 50	1365 00
13e année.	120 00	120 00	120 00	120 30	120 50	120 50	125 00	125 00	125 00	127 50	127 50	127 50	1485 00

DEUXIÈME PARTIE.

MONTANT DES OBLIGATIONS A PAYER.

ÉPOQUES.	MONTANT EN PRINCIPAL ET INTÉRÊTS DES OBLIGATIONS A PAYER.												
	Janvier.	Février.	Mars.	Avril.	Mai.	Juin.	Juillet.	Août.	Septembre.	Octobre.	Novembre.	Décembre.	TOTAL.
	FR. C.	FR. C.	FR. C.	FR. C.	FR. C.	FR. C.	FR. C.	FR. C.	FR. C.	FR. C.	FR. C.	FR. C.	FR. C.
1re année..	» »	» »	» »	» »	» »	» »	» »	» »	» »	» »	» »	» »	» »
2e année. .	11 69	11 69	11 69	11 69	11 69	11 69	11 69	11 69	11 69	11 69	11 69	11 69	140 28
3e année. .	23 08	23 08	23 08	23 08	23 08	23 08	23 08	23 08	23 08	23 08	23 08	23 08	276 96
4e année. .	34 15	34 15	34 15	34 15	34 15	34 15	34 15	34 15	34 15	34 15	34 15	34 15	409 80
5e année. .	44 92	44 92	44 92	44 92	44 92	44 92	44 92	44 92	44 92	44 92	44 92	44 92	539 04
6e année. .	55 38	55 38	55 38	55 38	55 38	55 38	55 38	55 38	55 38	55 38	55 38	55 38	664 56
7e année. .	65 54	65 54	65 54	65 54	65 54	65 54	65 54	65 54	65 54	65 54	65 54	65 54	786 48
8e année. .	75 39	75 39	75 39	75 39	75 39	75 39	75 39	75 39	75 39	75 39	75 39	75 39	904 68
9e année. .	84 92	84 92	84 92	84 92	84 92	84 92	84 92	84 92	84 92	84 92	84 92	84 92	1019 04
10e année.	94 15	94 15	94 15	94 15	94 15	94 15	94 15	94 15	94 15	94 15	94 15	94 15	1129 80
11e année.	103 08	103 08	103 08	103 08	103 08	103 08	103 08	103 08	103 08	103 08	103 08	103 08	1236 96
12e année.	111 70	111 70	111 70	111 70	111 70	111 70	111 70	111 70	111 70	111 70	111 70	111 70	1340 40
13e année.	120 00	120 00	120 00	120 00	120 00	120 00	120 00	120 00	120 00	120 00	120 00	120 00	1440 00

TROISIÈME PARTIE.

TABLEAU COMPARATIF

DU PRODUIT DES ANNUITÉS A RECEVOIR AVEC LE MONTANT DES OBLIGATIONS A PAYER.

ÉPOQUES.	Montant des annuités à recevoir dans le cours de chaque année.	Montant en principal et intérêts des obligations à payer.	Excédant des annuités.	Insuffisance des annuités.	Somme en caisse provenant de l'excédant des annuités.	Somme à avancer pour suppléer à l'insuffisance des annuités.
	FR. C.	FR. C.	FR. C.	FR. C.	FR. C.	FR. C.
1re année.	45 00	» »	45 00	» »	45 00	» »
2e année..	165 00	140 28	24 72	» »	69 72	» »
3e année..	285 00	276 96	8 04	» »	77 76	» »
4e année..	405 00	409 80	» »	4 80	72 96	» »
5e année..	525 00	539 04	» »	14 04	58 92	» »
6e année..	645 00	664 56	» »	19 68	39 24	» »
7e année..	765 00	786 48	» »	21 48	17 76	» »
8e année..	885 00	904 68	» »	19 69	» »	1 92
9e année..	1005 00	1019 04	» »	14 04	» »	15 96
10e année.	1125 00	1129 80	» »	4 80	» »	20 76
11e année.	1245 00	1236 96	8 04	» »	» »	12 72
12e année.	1365 00	1340 40	24 72	» »	12 00	» »
13e année.	1485 00	1440 00	45 00	» »	57 00	» »

Ce tableau, reproduction abrégée des deux précédents, fait voir que les Annuités ont produit 45 francs la première année, tandis que les Obligations n'ont donné lieu à aucun paiement. Cela s'explique par l'échéance, laquelle est trimestrielle à l'égard des Annuités, et annuelle à l'égard des Obligations.

Indépendamment de ces 45 francs, qui déjà forment une encaisse disponible, on remarquera que les deux années suivantes l'excédant s'accroît encore; de sorte qu'à l'expiration de la troisième année une encaisse totale de 77 fr. 76 cent. se trouve disponible, et suffit pour élever les Annuités au niveau des Obligations pendant les années suivantes jusqu'à la huitième année, sans le secours d'aucune avance de fonds de la part de l'Établissement.

Ce n'est qu'à partir de la huitième jusqu'à la onzième année que l'insuffisance se manifeste, et oblige l'Établissement de puiser à même son fonds social pour y suppléer; mais cette insuffisance, loin de présenter, comme une opération seule et isolée, une importance de 5 fr. 52 cent. pour cent, s'élève à peine à 20 cent. à la dixième année, alors qu'elle atteint son maximum, puisqu'elle n'est que de 20 fr. 76 cent. pour 12,000 fr. d'opérations engagées à cette époque dans la supposition de 100 fr. d'opérations par mois ; de plus, le terme de cette légère avancé de fonds est réduit de plus de moitié.

C'est ainsi que dans une suite d'opérations qui se combinent, les sept premières années offrent constamment un excédant de produit des Annuités à recevoir sur le montant des Obligations à payer en principal et intérêts.

Ce résultat, si contraire en apparence à celui d'une opération seule et isolée, qui pendant les six premières années ne peut offrir qu'une insuffisance considérable, dans le produit des Annuités, est facile à expliquer.

L'échéance des Obligations étant annuelle et celle des Annuités, trimestrielle, il suit de là que l'échéance des Obligations concorde avec l'échéance de la dernière des quatre Annuités trimestrielles ; cette circonstance rend disponible momentanément le produit des trois autres, et la Caisse applique ce produit au paiement, non de l'Obligation née de l'opération qui a donné lieu à ces Annuités, mais de l'obligation née de l'opération qui l'a précédée ou suivie.

De cette manière, chaque opération, encore bien qu'à l'expiration de l'année, elle n'ait pas produit somme suffisante pour faire face aux Obligations auxquelles elle a donné naissance, offre néanmoins à certaine époque de l'année un excédant de une, de deux et même de trois Annuités : et tandis qu'une opération au jour anniversaire où elle a eu lieu ne présente qu'une insuffisance, l'opération qui la précède ou qui la suit, ayant dépassé ou n'ayant pas encore atteint son anniversaire, offre précisément un excédant qui fait compensation.

Il s'opère ainsi une sorte de revirement continuel qui balance le déficit momentané de l'une par l'excédant momentané de l'autre, utilise le produit des Annuités par un emploi immédiat, épargne à l'Établissement une avance de fonds, et lui permet de réaliser comme bénéfice l'excédant final des Annuités sur les Obligations.

Au moyen de cette combinaison, les six premières années, loin de présenter une insuffisance, donnent encore un excédant de produit assez considérable, qui se soutient jusqu'à la huitième année, et qui allége d'autant l'obligation imposée à l'Établissement de conserver dans la Caisse une réserve toujours disponible ; car cet excédant, tant qu'il n'est point absorbé, demeure en Caisse où il tient la place d'une somme égale que l'Établissement se trouve momentanément dispensé d'y apporter.

Il est vrai que cette combinaison offrant en tout un effet contraire à celui d'une opération seule et isolée, reproduit une insuffisance des Annuités dans les huitième, neuvième, dixième et onzième années ; mais cette insuffisance n'a pas à beaucoup près l'importance de celle évitée ; le temps de sa durée est très limité, elle devient ainsi extrêmement légère, et l'Établissement auquel des ressources spéciales ont été ménagées tout exprès pour la combler, le fait sans peine comme sans effort, et en est bientôt largement dédommagé par un excédant de recettes toujours croissant les années suivantes.

C'est ainsi que toutes les opérations, sans aucun lien de solidarité entr'elles et étrangères l'une à l'autre, sont appelées à jouir néanmoins des avantages de la mutualité, dont l'action bienfaisante supplée à l'insuffisance accidentelle de l'une par le surcroît de force momentané de l'autre, et leur assure à toutes un succès complet.

CHAPITRE IV.

Les débiteurs ont la faculté de rembourser leur dette par anticipation, en autant de paiements que bon leur semble, pourvu que chaque paiement éteigne intégralement une ou plusieurs Annuités trimestrielles, en commençant par celle dont l'échéance est la plus reculée.

Ils sont admis dans ce cas à payer pour chaque Annuité non échue une somme égale à sa valeur, d'après une échelle de réduction proportionnelle au terme plus ou moins éloigné de son échéance.

Les débiteurs qui se libèrent par anticipation peuvent faire usage dans leurs paiements, soit du numéraire, soit des Obligations mêmes de la Caisse, pour leur valeur au pair, quelque soit d'ailleurs le cours de ces valeurs en circulation.

CHAPITRE V.

Echelle de réduction des Annuités non échues pour le cas de libération anticipée. (Tableau n° 2.)

Non-seulement les débiteurs ont la faculté de donner en paiement de leurs Annuités non échues, les Obligations mêmes de la Caisse, mais encore ils n'ont à payer pour chaque Annuité que sa valeur d'après l'échelle de réduction basée sur le terme plus ou moins éloigné de son échéance.

Pour la fixation équitable de cette valeur, on a considéré d'une part que la libération anticipée du débiteur devant avoir lieu le plus communément dans les dernières années du délai qui lui est accordé, cette circonstance avait pour la Caisse l'inconvénient de changer sa position en ce sens, qu'une opération, dès qu'elle se détache, rentre dans la catégorie des opérations isolées produisant son effet en désharmonie complète avec celui des opérations combinées.

Que l'on suppose, en effet, la libération anticipée des huit Annuités trimestrielles applicables aux deux dernières années, elles s'élèvent ensemble à . . . . . 20 fr. 00 c.

A reporter. . . . . . . 20 fr. 00 c.

Report. . . . . . . 20 fr. 00 c.

La Caisse aurait reçu cette somme aux échéances si la libération anticipée n'eût pas eu lieu ; et comme elle n'aurait eu à payer, pour les intérêts des obligations et le remboursement des deux derniers treizièmes, que . . . 16 31

Il se serait trouvé disponible un excédant de . . . . 3 fr. 69 c.

Lequel excédant, employé pour suppléer à l'insuffisance des Annuités d'une autre opération, aurait évité à l'Établissement l'avance de pareille somme qu'il lui faudra faire pour combler le déficit de cette autre opération : c'est là pour la Caisse un inconvénient évident.

Mais, d'un autre côté, on a eu égard aux avantages que la circonstance d'une libération anticipée procurait à l'Établissement, en le déchargeant pour l'avenir de la responsabilité du prêt, alors qu'il est remboursé, et en abrégeant encore le temps pendant lequel l'opération l'obligeait à conserver, tant en rentes sur l'État qu'en numéraire complètement improductif, la réserve destinée pour assurer la régularité du service des Obligations.

En conséquence, balance faite des avantages par les inconvénients, la valeur des Annuités a été réduite de 1 pour cent par trimestre d'échéance restant à courir.

CHAPITRE VI.

Emploi des sommes provenant de libération anticipée.

Le montant des sommes reçues des débiteurs à titre de libération anticipée, est employé uniquement au rachat des Obligations en nombre égal à celui que représente la créance remboursée.

Les Obligations ainsi rachetées et celles données en paiement par les débiteurs sont éteintes pour ne plus rentrer en circulation.

Si, au lieu de prescrire ce rachat on imposait à l'Établissement la condition de conserver, pour le faire valoir à 4 pour cent d'intérêt, le produit de la libération anticipée et d'en tenir compte à la Caisse aux échéances, cette condition lui serait onéreuse, car le produit d'une Annuité ainsi réduite, ne s'élèverait point, principal et intérêts cumulés, à une somme égale au montant de l'Annuité non réduite à l'époque de son échéance ; et il faudrait alors établir une échelle de réduction un peu moins forte, et partant moins avantageuse aux débiteurs.

Mais l'emploi au rachat même des Obligations en opère le remboursement dans la proportion de la libération anticipée des Annuités, et maintient le rapport constant d'équilibre que chaque opération doit toujours présenter depuis sa naissance jusqu'à son terme, entre les Annuités à recevoir et les Obligations à payer.

Néanmoins, au lieu de 2 pour cent de bénéfices que les combinaisons de ce système assurent à l'Établissement, sur le montant de chaque opération allant jusqu'à son terme, la libération anticipée des débiteurs réduit ce bénéfice à 25 cent., seulement sur la portion remboursée par anticipation.

Cette réduction qui ne frappe que sur la portion ainsi remboursée a paru équitable, eu égard aux charges et à la responsabilité dont l'Établissement se trouve allégé; car pour obtenir ces deux pour cent, il lui faut faire des sacrifices qui atténuent considérablement ce bénéfice; de sorte que la libération anticipée, mettant aussi un terme aux sacrifices, permet à l'Établissement de se dédommager sur les sacrifices mêmes qu'alors il n'est plus obligé de faire.

Pour en donner un exemple, il suffira de dire qu'une opération de 120 fr. oblige l'Établissement à conserver disponible 2 fr. 32 cent. en rentes sur l'État, et 1 fr. 16 cent. en numéraire, complètement improductifs pendant treize années, pour assurer comme réserve le service régulier de la Caisse.

Si par l'effet d'une libération anticipée cette opération arrive à son terme à la dixième ou à la onzième année, l'Établissement rentre dans la libre disposition de ces deux sommes, deux ou trois années plus tôt qu'il ne l'eût fait, s'il n'y avait pas eu anticipation dans les délais, et en tire un produit qui remplit le vide et tient la place du léger bénéfice dont l'a privé la libération anticipée.

C'est ainsi que les combinaisons de ce système ne sont qu'une suite non interrompue de compensations qui babancent les inconvénients par des avantages, de manière à en atténuer l'effet et rétablir l'équilibre.

CHAPITRE VII.

Fonds social de l'Établissement.

Le capital social de la Compagnie, destiné pour assurer le service régulier de la Caisse, et former un fonds de garantie contre toutes les éventualités, a été fixé à cinq pour cent du montant du maximum des obligations en circulation.

Dans la supposition où les opérations de la Caisse immobilière s'élèveraient à une somme de un million de francs par mois, le capital de la société anonyme sera porté à quatre millions deux cent mille francs, par le motif que les obligations en circulation doivent atteindre dans leur maximum le chiffre de quatre-vingt-quatre millions, en ne tenant pas compte toutefois des libérations anticipées qui le réduiront considérablement.

Ce fonds social, eu égard aux autres garanties de toute nature, qui déjà assurent aux opérations la plus complète sécurité, sera jugé suffisant pour faire face à toutes les éventualités, si l'on veut bien considérer qu'il est supérieur au tiers du montant total des opérations de chaque année; qu'il est trois fois plus considérable que tous les paiements réunis à faire pendant le cours de la seconde année, pour le service des obligations, double du montant total des paiements à faire dans le cours de la troisième année, et égal au montant des paiements à effectuer pour le service des intérêts et le remboursement par treizième des obligations, pendant la quatrième année.

Que si son importance relative diminue progressivement jusqu'à la treizième année, époque à laquelle les obligations atteignent leur maximum, un autre capital se forme simultanément dans la Caisse, par l'accumulation, pendant cette période de treize années, des bénéfices acquis à la Compagnie et résultant de l'excédant final des annuités après l'extinction absolue des obligations nées de chaque opération ; bénéfices qui demeurent dans la Caisse pour en augmenter les ressources, et que la Compagnie ne perçoit qu'à partir seulement de la treizième année, à mesure des extinctions.

Ces bénéfices, joints au capital social, en élèvent le chiffre à près de dix pour cent du maximum des obligations en circulation.

Il faut ajouter à cela qu'on raisonne ici dans l'hypothèse la moins favorable pour l'Établissement, c'est-à-dire dans la supposition où aucun débiteur ne profiterait de la faculté qui lui est réservée de se libérer par anticipation. Mais cette faculté ne leur aura pas été ménagée en vain : quelques-uns en profiteront sans nul doute, et cette circonstance avantageuse à la Caisse et à la Compagnie, comme aux débiteurs eux-mêmes, augmentera pour l'Établissement ses éléments de prospérité, et produira pour les obligations déjà parfaitement garanties, de nouveaux motifs de sécurité; car le fonds social s'accroît relativement de toute la diminution qu'éprouve le chiffre des obligations en circulation, par l'effet des libérations anticipées.

Enfin, il ne faut pas perdre de vue que le fonds social ne vient qu'en troisième ligne, et seulement comme auxiliaire, à des garanties déjà certaines et positives, reposant à la fois sur des valeurs immobilières, reconnues suffisantes, et sur la responsabilité cautionnée des Syndicats de première garantie.

Appels de Fonds sur le Capital social.

Il n'est pas nécessaire de réaliser immédiatement en numéraire une forte partie du fonds social de la Compagnie ; l'Établissement, simple caisse de garantie, servant tout à la fois d'assurance pour le porteur d'obligations et d'intermédiaire entre lui et son débiteur, n'est point une banque d'escompte; son capital social reste dans les mains des actionnaires solvables qui l'ont souscrit, pour n'être réalisé en espèces qu'au fur et à mesure des besoins.

Cette réalisation a lieu par des appels de fonds, aux époques suivantes :

1° Lors de la création de l'Établissement.	200,000 fr.	00 c.
2° Dans le cours de la cinquième année.	800,000	00
3° Dans le cours de la septième année.	1,000,000	00
4° Dans le cours de la huitième année.	2,200,000	00
Total égal au Fonds social.	4,200,000 fr.	00 c.

Remboursement du Fonds social aux Actionnaires.

Dans la supposition où les actionnaires se contenteraient de l'intérêt de cinq pour cent, qui leur sera d'abord payé annuellement, sur le montant de leurs actions, l'Établissement, soit qu'il cesse ses opérations après une période de treize années, soit qu'il les continue pour un temps limité ou illimité, est à même de leur rembourser le montant du Fonds social, de la manière suivante, sans altérer en rien les garanties qu'il ne doit cesser d'offrir pour la sécurité de ses opérations;

Savoir :

1° A l'expiration de la quinzième année.	800,000 fr.	00 c.
2° A l'expiration de la seizième année	600,000	00
3° A l'expiration de la dix-septième année.	800,000	00
4° A l'expiration de la dix-huitième année.	800,000	00
5° A l'expiration de la dix-neuvième année.	900,000	00
6° A l'expiration de la vingtième année, pour solde.	300,000	00
Total égal.	4,200,000 fr.	00 c.

Outre cela, il reviendra aux actionnaires, à titre de bénéfices, une somme à peu près égale à la moitié de leur capital, s'ils tiennent à le réaliser annuellement, et presqu'égale à la totalité s'ils ne veulent la réaliser qu'à l'expiration de la vingt-sixième année, puisqu'elle s'élève à 4,161,059 fr. 93 cent., d'après le compte général des opérations qu'on peut consulter.

La libération anticipée des débiteurs, dans la supposition où ils abrégeraient en moyenne de trois années le délai qui leur est accordé, amènerait une réduction apparente, mais non réelle dans le chiffre des bénéfices ; car cette réduction, d'ailleurs extrêmement légère, est exactement compensée avec l'avantage pour l'Établissement, d'une réalisation plus prompte de ces bénéfices ; de sorte que les percevant trois années plus tôt, ils sont toujours dans la proportion de ce qu'ils auraient été trois années plus tard.

CHAPITRE VIII.

Mesures pour assurer le service régulier de la Caisse.

L'expérience prouve qu'il ne faut pas compter sur une ponctualité bien complète de la part des débiteurs, dans le paiement des annuités aux échéances. On doit s'attendre au contraire à des retards inévitables, et qui compromettraient le service de la Caisse, si la Compagnie n'avait pour mission spéciale d'y suppléer. C'est principalement pour ce motif qu'il lui est alloué deux et demi pour cent sur le montant de chaque opération, comme prime d'assurance contre toutes les éventualités parmi lesquelles il faut ranger en première ligne, non-seulement les chances d'insolvabilité, mais encore les chances de retard.

La Caisse ne doit aucunement se ressentir de ces chances d'insolvabilité ou de retard ; pour elle, il ne doit point y en avoir, car il faut que le service des obligations se fasse sans difficulté comme sans efforts, et que le paiement ne puisse jamais éprouver d'obstacles.

A cet égard la ponctualité la plus scrupuleuse de la part de l'Etablissement, ne suffirait même pas pour inspirer une confiance absolue dans la Caisse Immobilière, si la sécurité n'était encore garantie d'une manière permanente, par une réserve spéciale toujours disponible et suffisante pour suppléer au défaut de la Compagnie elle-même, et faire face aux besoins de la Caisse sans son secours dans les circonstances qui pourraient naître de l'incurie ou de la négligence des employés de l'administration.

C'est pour ce motif que la prime toute entière de deux et demi pour cent allouée à l'Etablissement a été mise en réserve, et la Compagnie ajoute encore à cette prime la somme nécessaire pour la compléter, et former une réserve égale au quart du montant total des paiements à faire dans le cours de chaque année, tant pour le service des intérêts que pour le remboursement par treizième des obligations.

Cette réserve composée pour un tiers en numéraire, et pour les deux autres tiers en inscriptions de rentes trois pour cent sur l'Etat, est déposée dans une Caisse particulière et spéciale, où elle demeure toujours au complet et toujours disponible, depuis le moment de la création des obligations jusqu'à celui de leur extinction finale.

La Compagnie satisfait outre cela au service régulier de la Caisse par les voies et moyens, d'ailleurs suffisants, que lui ménage la marche naturelle des opérations, et l'emploi comme auxiliaire de son capital social, sans pouvoir aucunement toucher à la réserve.

La Caisse destinée aux paiements est alimentée par la Compagnie, de manière à satisfaire aux besoins journaliers des obligations; et si elle se trouve en défaut, le payeur chargé de ce service puise à même le numéraire de la réserve, et en fait son rapport sur-le-champ aux commissaires chargés de la surveillance, lesquels constatent, au moins une fois par semaine, l'existence des valeurs composant la réserve, et suspendent le cours des opérations dès qu'il y a déficit.

La seule portion en numéraire de cette réserve étant suffisante pour faire face aux paiements des obligations pendant un mois entier sans le secours de la Compagnie et indépendamment du produit courant des annuités, cette circonstance donne tout le temps nécessaire au conseil de surveillance pour prendre ses mesures; et si on ajoute à cette ressource l'autre portion de la réserve placée en rente sur l'État, plus forte du double que celle en numéraire et le produit courant des annuités, on voit que la Caisse peut s'alimenter toute seule pendant au moins un an entier; de plus, les créances appartenant à l'Etablissement et à recouvrer sur les débiteurs en retard, que les commissaires peuvent faire vendre aux périls et risques de la Compagnie, sont encore une nouvelle branche de ressources, qui donne au gouvernement plus de latitude pour être à même d'appronfondir la situation de l'Etablissement, et de prendre les mesures nécessaires pour conduire à leur terme toutes les opérations engagées.

Les mesures adoptées pour le service de la Caisse, dont il est impossible de s'écarter sans arrêter sur-le-champ la marche des opérations, lui font absorber non-seulement le capital, mais les bénéfices mêmes de la société anonyme, pour ne les rendre à titre de trop plein que dans les deux ou trois dernières années de chaque opération. L'interruption des opérations, à quelque époque que survienne un semblable événement, n'entraînera donc jamais une interruption dans le paiement des obligations; cette conséquence a été prévue avec soin et n'est nullement à craindre, c'est là un point essentiel à constater.

La Caisse Immobiliaire possédant à la fois le fonds social de la Compagnie et ses bénéfices accumulés, cette circonstance assure aux porteurs d'obligations les garanties les plus complètes. La réserve un moment attaquée est bientôt rétablie dans son intégrité, avant d'avoir été sensiblement altérée; car dès que les opérations s'arrêtent, les annuités reprennent insensiblement leur supériorité sur les obligations; c'est déjà un puissant motif de sécurité; et en second lieu l'extinction ultérieure des obligations non-seulement reproduit et rend à la Caisse le capital qu'elles avaient absorbé, mais encore lui laisse finalement les bénéfices de l'opération; les ressources de toute nature augmentant alors dans une proportion toujours plus forte et plus rapide, à mesure de l'extinction progressive des obligations, rétablissent le fonds de réserve au complet en peu de temps, et accumulent pour l'avenir des excédants de recette toujours croissants.

On a vu que la réserve seule, sans le secours de la Compagnie et indépendamment du produit des annuités, était suffisante pour faire face à tous les engagements de la Caisse Immobiliaire pendant trois mois; mais la surveillance du gouvernement devant opérer sa vérification au moins une fois par semaine, il n'est pas même supposable que la somme en numéraire puisse être sensiblement altérée, puisqu'elle représente à elle seule le montant des paiements d'un mois entier.

De plus, l'obligation imposée à l'administration d'en rendre compte chaque trimestre, rend impossible l'altération de la portion de la réserve fournie en rente sur l'État, dont le transfert ne peut s'opérer qu'avec le concours des commissaires mêmes.

CHAPITRE IX.

Voies et moyens pour faire face au paiement des Obligations.

Les voies et moyens de l'Établissement pour satisfaire aux besoins de la Caisse et au paiement des obligations consistent dans :

1° Le produit des annuités;

2° L'excédant de produit de ces annuités aux époques et dans les circonstances où cet excédant se manifeste sur les obligations à payer;

3° Les intérêts de cet excédant placés ou obligations de la Caisse;

4° Les arrérages de la portion de la réserve placé en rentes sur l'État;

5° Les créances à recevoir sur les débiteurs en retard;

6° Le produit de la prime d'assurance allouée sur le montant de chaque opération;

7° Et le capital social de la Compagnie fixé à cinq pour cent du montant des obligations en circulation;

Le tout indépendamment du cautionnement fourni en numéraire par les Syndicats de première garantie, et de leur responsabilité personnelle.

Ces voies et moyens assurés à l'Établissement le mettent à même, dans tous les temps et dans toutes les circonstances, de faire face sans peine et sans effort au service des intérêts des obligations et à leur remboursement annuel par treizième.

On a établi le compte de ces ressources, d'abord dans la supposition improbable qu'aucun débiteur ne se libérerait par anticipation, et ensuite dans la supposition très probable que les débiteurs anticiperaient en moyenne de trois années, le délai qui leur est accordé.

Au premier cas (voyez tableau n° 4), on voit qu'indépendamment de la réserve, maintenue intacte dans la Caisse pour les besoins extraordinaires prévus au chapitre précédent, le montant total des valeurs disponibles chaque année, dépasse encore d'au moins dix pour cent le montant en principal et intérêts des obligations à payer.

Au second cas (tableau n° 4), c'est-à-dire dans la supposition où les débiteurs, au lieu d'user du délai tout entier de treize années qui leur est accordé, se libéreraient intégralement dans le cours des dix premières années, supposition d'autant plus admissible, que de grandes facilités leur en ménagent les moyens, l'excédant des sommes encaissées devient plus considérable encore.

Cet excédant (tableau n° 4) a été fixé d'une manière exacte jusqu'à la dixième année seulement, époque à partir de laquelle une libération anticipée permettrait le remboursement aux actionnaires d'une partie de leur fonds social ; ainsi le quantum de ces ressources, à compter de cette époque, porté seulement par approximation, peut être augmenté ou diminué selon qu'il serait jugé convenable d'accélérer ou de retarder le remboursement du fonds social ; mais ce qu'il importe de constater, c'est que l'Établissement est toujours à même de satisfaire aux engagements de la Caisse sans le secours de la réserve.

Il est vrai que parmi les ressources figurent les sommes à recouvrer sur les débiteurs en retard ; mais, pour n'être point disponibles, ces créances n'en sont pas moins des valeurs réelles, reposant sur de bonnes garanties hypothécaires, et assurées encore par la responsabilité du Syndicat de première garantie ; l'Établissement pourrait en disposer au besoin avec le concours du conseil de surveillance.

C'est là une mesure à laquelle il n'aura jamais recours, puisque indépendamment de ces valeurs, les ressources de toute nature présentent encore en numéraire, à l'expiration de chaque année, un excédant de plusieurs centaines de mille francs, que l'Établissement place momentanément en obligations.

La libération anticipée des débiteurs, considérée sous le point de vue du surcroît de ressources qu'elle fournit à la Caisse, et des avantages qu'elle procure à la Compagnie, doit être envisagée sous deux rapports :

En premier lieu, si elle est intégrale elle rend à la Compagnie la somme plus ou moins forte que l'opération avait absorbée sur son capital social, lui permet la libre disposition des valeurs en rentes sur l'État et en numéraire fournis à la réserve, à l'occasion de cette opération, et lui laisse encore finalement les bénéfices acquis pendant le temps de sa durée : ce sont là des ressources à la disposition de l'Établissement jusqu'au jour de la liquidation annuelle qui permet ou refuse à la Compagnie, selon la situation de la Caisse, le prélèvement de ses bénéfices.

En second lieu, si la libération n'est pas intégrale, l'avantage est moins grand pour la Compagnie, qui n'a aucun prélèvement à faire tant que l'opération n'est point arrivée au terme plus ou moins anticipé de son existence ; la réserve maintenue dans toute son intégrité, n'est elle-même sujette à aucune réduction, mais précisément par ce motif, la sécurité de l'Établissement n'en devient que plus assurée encore ; ses ressources en sont augmentées, non d'une manière momentanée comme le fait une libération intégrale, mais d'une manière durable, jusqu'au terme plus ou moins éloigné de la libération finale; car le montant des intérêts des obligations n'est plus si élevé, dès qu'il y en a de remboursées par anticipation, tandis que les annuités invariables dans leur quotité, ne sont pas comme les obligations susceptibles d'éprouver une réduction.

Il existe, comme on l'a exposé au chapitre III, un rapport différentiel entre les annuités à recevoir et les obligations à payer ; les annuités de la sixième année, par exemple, sont destinées pour faire face aux intérêts de huit treizièmes et au remboursement d'un treizième des obligations, d'où il suit qu'elles présentent une insuffisance de 19 fr. 68 c.

Mais la libération anticipée ayant pour effet de déplacer les annuités en regard des obligations, modifie nécessairement les différences, et c'est ainsi qu'une libération anticipée de quatre années, plaçant les annuités de la sixième année en regard des obligations qui ne devaient être remboursées qu'à la dixième, l'insuffisance n'est plus que de 4 fr. 80 c.

D'où il suit que la libération partielle anticipée augmente les ressources de toute la supériorité qu'elle procure, pour l'avenir, aux annuités restantes sur les obligations.

Pour donner une idée de l'effet extrêmement avantageux pour l'Établissement de la libération anticipée, il suffira de faire remarquer que si les débiteurs se libéraient en moyenne au terme de six années, la portion du capital destinée pour suppléer à l'insuffisance des annuités ne serait pas même effleurée.

Les produits de l'Établissement seraient moindres sans doute; mais le même capital social suffisant alors pour des opérations plus que doublées, donnerait ainsi en réalité des bénéfices encore plus élevés.

CHAPITRE X.

Administration de la Caisse Immobilière.

La Compagnie anonyme chargée de l'Administration de la Caisse perçoit le montant des annuités aux échéances, et l'emploie au paiement des obligations.

Lorsque le produit des annuités est insuffisant pour faire face aux intérêts des obligations et à leur remboursement par treizième, la Compagnie y supplée de ses deniers propres à même son capital social, lequel a été fixé de manière à lui offrir une ressource toujours suffisante.

Lorsque le produit des annuités dépasse le montant des sommes à payer, l'excédant demeure disponible dans la Caisse et tient la place d'une somme égale que la Compagnie est momentanément dispensée d'y apporter.

Cette circonstance, on le conçoit, allége considérablement pour la Compagnie la charge de conserver disponible et improductif le capital considérable, formant la réserve, en numéraire; car toutes les fois qu'une partie plus ou moins forte de ce capital n'est pas fournie par elle, mais bien par l'excédant des annuités, il n'y a pour elle d'improductif que ce qu'elle en a fourni; c'est-à-dire tout ce qui ne provient pas d'un excédant du produit des annuités.

Il est vrai que les sommes dont la Compagnie obtient ainsi momentanément la libre disposition n'en dépendent pas moins de l'Établissement, et ne peuvent être employées autrement qu'en obligations qui ensuite sont rendues à la circulation au fur et à mesure des besoins; mais les intérêts lui profitent et viennent ainsi augmenter ses ressources et accroître ses produits.

Pour offrir une image sincère et vraie des opérations de la Caisse, on a pensé qu'il fallait en présenter l'état complet, accompagné du compte général de l'administration de l'Établissement, pour une période toute entière de treize années d'opérations réalisées et poussées à leur terme; c'est-à-dire jusqu'à la vingt-sixième année, époque à laquelle doit avoir lieu la liquidation finale, sans tenir compte des libérations anticipées qui en abrégeront le terme de plusieurs années.

Cet état fait voir à toutes les époques la situation exacte de l'Établissement; et, soit que l'on désire connaître dans l'intérêt général quelles sont ses ressources pour faire face aux engagements de la Caisse et au paiement des obligations, soit que dans le seul intérêt particulier de la Compagnie anonyme, on désire savoir quels sont pour elle les résultats plus ou moins avantageux qu'elle en doit obtenir, on y trouve tous les renseignements possibles.

Il était nécessaire d'embrasser tout entier cet espace de temps pour mettre le lecteur à même de juger du mérite de l'Établissement, en suivant depuis leur naissance jusqu'à leur terme, non-seulement la première, mais encore la dernière des opérations contractées dans une période de treize années.

CHAPITRE XI.

Produits de l'Établissement.

L'Établissement qu'il s'agit de fonder doit être envisagé principalement sous le point de vue de son utilité générale, résultant de la nature de ses opérations.

A l'égard des avantages particuliers que doit en attendre l'Association chargée de l'administrer, ils consistent d'abord dans la remise qui lui est allouée, et en second lieu dans les bénéfices résultant pour la Caisse des combinaisons de son système d'opérations qui, tout en produisant annuellement somme suffisante pour faire face au service des intérêts et au remboursement par treizième des obligations, procure encore à la Compagnie un excédant de recette de 2 pour cent sur le montant de chaque opération arrivée à son terme, c'est-à-dire à l'expiration de treize années.

Ces résultats sont satisfaisants; ils assurent non-seulement le succès de l'Établissement, mais encore des éléments de prospérité toujours croissante pour son avenir; car le fonds social peut être remboursé aux actionnaires, en principal et intérêts, dans le cours des vingt premières années, et leur procurer ainsi comme bénéfice net le nouveau capital que la Caisse s'est économisé dans cet espace de temps, et qu'elle conserve pour assurer le service de ses opérations ultérieures.

Et si, comme on doit le supposer, il y a libération anticipée de la part des débiteurs, le remboursement du fonds social qui, à la dix-septième année est déjà effectué pour plus de moitié, pourra être accéléré de quelques années encore.

L'état de situation de l'Établissement, applicable à toutes les époques de son existence, fait voir dans ses résultats les produits que la Compagnie anonyme, chargée de la responsabilité des opérations, est appelée à en recueillir comme bénéfices.

On a pris soin de n'en faire ressortir que le minimum pour n'exposer les personnes qui prendraient part à cette association à aucun mécompte; car une déception, lors même qu'elle permet encore la réalisation de quelques bénéfices, n'en produit pasmoins un fâcheux effet sur un établissement qui ne remplit pas d'une manière complètement satisfaisante le but de ses fondateurs.

On remarquera donc:

1° Que les intérêts de la portion du fonds social placé en rentes sur l'État ne sont portés qu'à trois pour cent exactement, tandis qu'un placement en rentes trois pour cent sur l'État produit réellement plus de trois et demi; d'où il suit une différence qui n'est pas sans importance, surtout aux époques où le capital dépasse deux millions et demi; différence qui, comme on le voit, doit augmenter les produits de l'Établissement;

2° Que les intérêts des excédants de recettes placés au fur et à mesure de leur rentrée en obligations de la Caisse, ne sont comptés qu'à partir du jour où expire l'année d'exercice dans laquelle se sont montrés ces excédants; tandis qu'il faut encore comprendre dans les produits de l'Établissement, le prorata d'intérêt de chaque excédant de recette, depuis le jour de son emploi, remontant de plusieurs mois;

3° Qu'il en est de même à l'égard des intérêts dus par les débiteurs en retard dans le service de leurs annuités.

En ce qui touche le passif, qui ne peut consister que dans les frais d'administration, les intérêts du fonds social, et les sinistres pour insolvabilité, on a pensé que les frais d'administration pouvaient dépasser cinquante mille fr. annuellement, pendant les quatre premières années, et soixante mille fr. les années suivantes, jusqu'à la treizième; qu'à partir de cette époque, en supposant la cessation des opérations, cinquante mille fr. par année étaient plus que suffisants pour l'administration d'un Établissement réduit aux proportions d'une simple Caisse de recettes et de paiements.

Les frais d'administration ne doivent dépasser le chiffre indiqué qu'autant que l'Établissement verrait s'élever le chiffre de ses opérations annuelles; mais il va sans dire que les produits croîtraient dans une proportion plus forte que les dépenses nouvelles.

L'intérêt du fonds social a été porté à cinq pour cent, payé annuellement aux actionnaires; il n'a point été fixé de dividende, parce qu'il était convenable dans un compte qui n'avait pour but qu'une démonstration de totaliser les bénéfices, afin de juger du mérite de l'Établissement considéré sous le rapport de ses produits.

A l'égard des sinistres, si on veut bien envisager les garanties de toute nature assurées aux opérations avant que l'Établissement y ajoute l'appui de son crédit, on se convaincra qu'en les portant à 25 cent. par cent fr. du montant des annuités à recevoir, somme équivalante à 32 cent. et demi pour cent du capital de chaque opération, on a atteint le chiffre des probabilités.

Enfin, soit que les bénéfices se partagent chaque année, par la distribution d'un dividende aux actionnaires, soit que le partage n'ait lieu que périodiquement et à des époques plus ou moins éloignées, si on considère la prompte rentrée dans les mains des actionnaires du capital social après quelques années de réalisation, on reconnaîtra que les produits de l'Établissement sont de nature à satisfaire aux désirs modérés et raisonnables d'une spéculation modeste et loyale.

CAISSE IMMOBILIÈRE.

ÉTAT DE SITUATION DE L'ÉTABLISSEMENT,

PRÉSENTANT

LES RÉSULTATS ANNUELS DES OPÉRATIONS

ET FAISANT CONNAITRE A TOUTES LES ÉPOQUES,

1° Le montant des opérations engagées ;
2° le montant des remboursements effectués ;
3° Le montant des obligations en circulation ;
4° L'excédant momentané du produit des annuités et son emploi ;
5° L'insuffisance momentanée du produit des annuités, et les moyens d'y suppléer ;
6° Le montant des valeurs existant en caisse, indépendamment du produit courant des annuités ;
7° Le montant du fonds social réalisé ;
8° Et les bénéfices acquis à l'Établissement.

PREMIÈRE ANNÉE.

Réalisation sur le capital social. . . . 200,000 f. 00 c.

Emploi.

1° En rentes 3 p. °/ₒ sur l'État. .	100,000 f. 00 c.
2° En obligations de la Caisse. . .	80,000 00
3° Numéraire en caisse.	20,000 00
Total égal. . . .	200,000 f. 00 c.

Actif, à l'expiration de la première année.

1° Numéraire laissé en caisse. . .	20,000 f. 00 c.
A reporter. . . .	20,000 f. 00 c.
Report. . . .	20,000 f. 00 c.
2° Capital placé en rente sur l'État.	100,000 00
Un an d'intérêts.	3,000 00
3° Obligations.	80,000 00
Un an d'intérêts.	3,200 00
4° Excédant de produit des annuités sur les obligations.	450,000 00
Prorata d'intérêt de cet excédant placé en obligation à mesure des rentrées. . (Mémoire.)	» »
5° Prime des opérations de l'année, déduction faite de la portion allouée aux Syndicats de première garantie.	180,000 00
Total de l'Actif, *à reporter*.	836,200 f. 00c.

Report. . . .		836,200 f. 00 c.

Passif.

1° Frais d'administ.	50,000 f. 00 c.	
2° Intérêts à 5 p. °/₀ du fonds social.	10,000 00	61,125 00
3° Pertes évaluées à raison de 25 c. par 100 fr., sur le montant des annuités à recevoir.	1,125 00	
Reste comme actif net.		775,075 f. 00 c.

Valeurs composant cet Actif.

Capital placé en rentes sur l'État. .	234,000 f. 00 c.
Créances sur les débiteurs en retard.	9,000 00
Obligations de la Caisse.	415,000 00
Numéraire.	117,075 00
Total égal. . . .	775,075 f. 00 c.

Ces valeurs appartiennent, savoir :

A la Compagnie anonyme. . .	325,075 f. 00 c.
A la Caisse immobilière, l'excédant du produit des annuités. . . .	450,000 00
Total égal. . .	775,075 f. 00 c.

Bénéfices acquis à l'Établissement.

Le fonds social émis étant de . .	200,000 f. 00 c.
Les bénéfices acquis s'élèvent à . .	125,075 00
Total égal à l'avoir de l'Établissement. .	325,075 f. 00 c.

Résultats de la première année.

Montant des opérations engagées. .	12,000,000 00
Remboursements effectués. (Néant.)	» »
Obligations en circulation. . . .	12,000,000 00

Emploi des valeurs composant l'Actif.

On a vû que les valeurs composant l'Actif, dans lesquelles il faut comprendre l'excédant momentané du produit des annuités, consistent dans le capital placé en rentes sur l'État, le capital placé en obligations, les créances à recouvrer sur les débiteurs en retard, et le numéraire en caisse.

Toutes ces valeurs sont destinées à augmenter les ressources de l'année suivante, et sont toujours disponibles à l'exception des créances sur les débiteurs en retard, mais qui, destinées à être recouvrées, doivent figurer parmi les ressources éventuelles.

DEUXIÈME ANNÉE.

Actif.

1° Numéraire laissé en caisse l'année précédente.	117,075 00
2° Capital en rentes sur l'État. . .	234,000 00
Un an d'intérêts.	7,020 00
3° Créances sur les débiteurs en retard.	9,000 00
Un an d'intérêts.	450 00
4° Obligations.	415,000 00
Un an d'intérêts.	16,600 00
5° Nouvel excédant sur le produit des annuités.	246,923 04
6° Prime des opérations de l'année.	180,000 00
Total de l'Actif. . . .	1,226,068 04

Passif.

1° Frais d'administ.	50,000 f. 00 c.	
2° Intérêts du fonds social. . . .	10,000 00	64,125 00
3° Pertes. . . .	4,125 00	
Reste comme actif net.		1,161,943 f. 04 c.

Valeurs composant cet Actif.

Capital en rentes sur l'État. . . .	462,000 00
A reporter. . . .	462,000 f. 00 c.

Report.	462,000	00
Créances sur les débiteurs en retard.	42,000	00
Obligations de la Caisse.	426,000	00
Numéraire.	231,943	04
Total égal.	1,161,943 f.	04 c.

Ces valeurs appartiennent, savoir :

A la Compagnie anonyme. . . .	465,020 f.	00 c.
A la Caisse immobilière, montant de l'excédant des annuités. . . .	696,923	04
Total égal.	1,161,943 f.	04 c.

Résultats de la deuxième année.

Opérations engagées.	24,000,000 f.	00 c.
Remboursements effectués. . . .	923,076	93
Montant des obligations encore en circulation. . . .	23,076,923 f.	07 c.

Bénéfices acquis à la Compagnie.

Les valeurs appartenant à la Compagnie s'élèvent à	465,020 f.	00 c.
Capital social émis.	200,000	00
Bénéfices réalisés. . . .	265,020 f.	00 c.

TROISIÈME ANNÉE.

Actif.

1° Numéraire laissé en caisse. . .	231,943 f.	04 c.
2° Capital placé en rentes sur l'État.	462,000	00
Un an d'intérêts.	13,860	00
3° Créances sur les débiteurs en retard.	42,000	00
Un an d'intérêts.	2,100	00
4° Obligations.	426,000	00
Un an d'intérêts.	17,040	00
5° Nouvel excédant de produit des annuités.	80,769	23
6° Primes des opérations de l'année.	180,000	00
Total de l'Actif, *à reporter.*	1,455,712 f.	27 c.

Report . . .	1,455,712 f. 27 c.

Passif.

1° Frais d'administ.	50,000 f.	00 c.	67,125 f. 00 c.
2° Intérêts du fonds social. . . .	10,000	00	
3° Pertes. . . .	7,125	00	
Reste comme actif net.			1,388,587 27

Valeurs composant cet Actif.

Capital placé en rentes sur l'État. .	684,000 f.	00 c.
Créances sur les débiteurs en retard.	99,000	00
Obligations de la Caisse.	264,000	00
Numéraire.	341,587	27
Total égal.	1,388,587 f.	27 c.

Ces valeurs appartiennent, savoir :

A la Compagnie.	610,895 f.	00 c.
A la Caisse, excédant momentané des annuités.	777,692	27
Total égal.	1,388,587 f.	27 c.

Résultats à l'expiration de la troisième année.

Opérations engagées.	36,000,000 f.	00 c.
Remboursements effectués. . . .	2,769,230	77
Montant des obligations en circulation.	33,230,769 f.	23 c.

Bénéfices acquis à la Compagnie.

L'avoir de la Compagnie étant de .	610,895 f.	00 c.
Déduisant son capital social. . . .	200,000	00
Bénéfices réalisés. . . .	410,895 f.	00 c.

QUATRIÈME ANNÉE.

Actif.

1° Numéraire laissé en caisse par le compte précédent.	341,587 f. 27 c.
A reporter. . . .	341,587 f. 27 c.

Report. . . .	341,587 f. 27 c.
2° Capital placé en rentes sur l'État.	684,000 00
Un an d'intérêts.	20,520 00
3° Créances sur les débiteurs en retard.	99,000 00
Un an d'intérêts.	4,950 00
4° Obligations.	264,000 00
Un an d'intérêts.	10,560 00
5° Prime des opérations de l'année.	180,000 00
Total de l'Actif. . . .	1,604,617 f. 27 c.

Passif.

1° Employé à l'acquit des obligations.	48,461 f. 52 c.	
2° Frais d'administ.	50,000 00	118,586 52
3° Intérêts du fonds social. . . .	10,000 00	
4° Pertes. . . .	10,125 00	
Reste comme actif net.		1,486,030 f. 75 c.

Cet Actif serait insuffisant pour les besoins de l'année suivante; c'est pourquoi il y a lieu à un appel de fonds, sur le capital social, de . 800,000 00

Ce qui porte l'Actif à . . 2,286,030 f. 75 c.

Valeurs composant cet Actif.

Capital placé en rentes sur l'État. .	900,000 f. 00 c.
Créances sur les débiteurs en retard.	180,000 00
Obligations.	756,000 00
Numéraire en caisse.	450,030 75
Total égal. . . .	2,286,030 f. 75 c.

Ces valeurs appartiennent, savoir :	
A la Compagnie.	1,556,800 f. 00 c.
A la Caisse immobilière.	729,230 76
Total égal. . .	2,286,030 f. 75 c.

Résultats à l'expiration de la quatrième année.

Opérations engagées, *à reporter*. . .	48,000,000 f. 00 c.
Report.	48,000,000 f. 00 c.
Remboursements effectués. . . .	5,438,461 54
Montant des obligat. en circulation.	42,561,538 f. 46 c.

Bénéfices acquis à l'Établissement.

Sur l'avoir de la Compagnie, qui est de	1,556,800 f. 00 c.
En prélevant le capital social, qui est de	1,000,000 00
Il reste comme bénéfices réalisés.	556,800 f. 00 c.

CINQUIÈME ANNÉE.

Actif.

1° Numéraire laissé en caisse. . .	450,030 f. 75 c.
2° Capital placé en rentes sur l'État.	900,000 00
Un an d'intérêts.	27,000 00
3° Créances sur les débiteurs en retard.	180,000 00
Un an d'intérêts.	9,000 00
4° Obligations.	756,000 00
Un an d'intérêts.	30,240 00
5° Prime des opérations de l'année.	180,000 00
Total de l'Actif. . .	2,532,270 f. 75 c.

Passif.

1° Employé à l'acquit des obligations de la caisse.	140,769 f. 24 c.	
2° Frais d'administ.	60,000 00	263,894 24
3° Intérêts du fonds social. . . .	50,000 00	
4° Pertes. . . .	13,125 00	
Reste comme actif net.		2,268,376 f. 51 c.

Valeurs composant cet Actif.

Capital placé en rentes sur l'État. .	1,110,000 f. 00 c.
Créances sur les débiteurs en retard.	285,000 00
A reporter. . . .	1,395,000 f. 00 c.

Report.	1,395,000 f. 00 c.
Obligations.	319,000 00
Numéraire en caisse.	554,376 51
Total égal. . .	2,268,376 f. 51 c.

Ces valeurs appartiennent, savoir :

A la Compagnie.	1,679,885 f. 00 c.
A la Caisse immobilière.	588,491 51
Total égal.	2,268,376 f. 51 c.

Résultats obtenus à l'expiration de la cinquième année.

Opérations engagées.	60,000,000 f. 00 c.
Remboursements effectués. . . .	9,230,769 23
Obligations en circulation. . . .	50,769,230 f. 77 c.

Bénéfices acquis à la Compagnie.

L'Avoir de la compagnie s'élève à .	1,679,884 f. 00 c.
Déduisant son capital social. . . .	1,000,000 00
Bénéfices réalisés. .	679,884 f. 00 c.

SIXIÈME ANNÉE.

Actif.

1° Numéraire en caisse.	554,376 f. 51 c.
2° Capital placé en rentes sur l'État.	1,110,000 00
Un an d'intérêts.	33,300 00
3° Créances sur les débiteurs en retard.	285,000 00
Un an d'intérêts.	14,250 00
4° Obligations.	319,000 00
Un an d'intérêts.	12,760 00
5° Prime des opérations de l'année.	180,000 00
Total de l'Actif. .	2,508,686 f. 51 c.

Passif.

1° Employé à l'acquit des obligations.	196,153 f. 80 c.
A reporter.	196,153 f. 80 c.
Report.	196,153 f. 80 c.
2° Frais d'administration.	60,000 00
3° Intérêts du fonds social. . . .	50,000 00
4° Pertes.	16,125 00
Total du Passif. .	322,278 f. 80 c.
Reste comme Actif net. .	2,186,407 f. 71 c.
Cet Actif serait insuffisant pour les besoins de l'année suivante ; c'est pourquoi il y a lieu à un appel de fonds sur le capital social, de .	1,000,000 00
Ce qui porte l'Actif à	3,186,407 f. 71 c.

Valeurs composant cet Actif.

Capital placé en rentes sur l'État. .	1,312,000 f. 00 c.
Créances sur les débiteurs en retard.	414,000 00
Obligations.	805,000 00
Numéraire en caisse.	655,407 71
Total égal. . .	3,186,407 f. 71 c.

Ces valeurs appartiennent, savoir :

A la Compagnie.	2,794,100 f. 00 c.
A la Caisse immobilière, excédant du produit des annuités. . . .	392,307 71
Total égal. . .	3,186,407 f. 71 c.

Résultats obtenus à l'expiration de la sixième année.

Opérations engagées.	72,000,000 f. 00 c.
Remboursements effectués. . . .	13,846,153 85
Obligations encore en circulation. .	58,153,846 f. 15 c.

Bénéfices acquis à la Compagnie.

L'avoir de la Compagnie est de . .	2,794,100 f. 00 c.
En déduisant son capital social. .	2,000,000 00
Il reste pour bénéfices réalisés. . .	794,100 f. 00 c.

SEPTIÈME ANNÉE.

Actif.

1° Numéraire en caisse.	655,407 f. 71 c.
2° Capital placé en rentes sur l'État.	1,312,000 00
Un an d'intérêts.	39,360 00
3° Créances sur les débiteurs en retard.	414,000 00
Un an d'intérêts.	20,700 00
4° Obligations.	805,000 00
Un an d'intérêts.	32,200 00
5° Primes des opérations de l'année.	180,000 00
Total de l'Actif. .	3,458,667 f. 71 c.

Passif.

1° Employé à l'acquit des obligations. . . .	214,615 f. 44 c.	393,740 44
2° Frais d'administ.	60,000 00	
3° Intérêts du fonds social. . . .	100,000 00	
4° Pertes. . . .	19,125 00	
Reste comme Actif net.		3,064,927 f. 27 c.

Valeurs composant cet Actif.

1° Capital placé en rentes sur l'État.	1,510,000 f. 00 c.
2° Créances sur les débiteurs en retard.	567,000 00
3° Obligations.	234,000 00
4° Numéraire en caisse.	1,553,927 27
Total égal. . . .	3,064,927 27

Ces valeurs appartiennent, savoir :

A la Compagnie.	2,887,234 f. 97 c.
A la Caisse, comme excédant des annuités.	177,692 30
Total égal. .	3,064,927 f. 27 c.

Résultats obtenus à l'expiration de la septième année.

Opérations engagées, *à reporter*. . .	84,000,000 f. 00 c.
Report.	84,000,000 f. 00 c.
Remboursements effectués. . . .	19,384,615 38
Obligations encore en circulation. .	64,615,384 f. 62 c.

Bénéfices acquis à l'Établissement.

L'Actif de l'Établissement s'élève à :	2,887,234 f. 97 c.
Déduisant son fonds social. . . .	2,000,000 00
Il reste comme bénéfices réalisés. .	887,234 f. 97 c.

HUITIÈME ANNÉE.

Actif.

1° Numéraire laissé en caisse. . .	753,927 f. 27 c.
2° Capital placé en rentes sur l'État.	1,510,000 00
Un an d'intérêts.	45,300 00
3° Créances sur les débiteurs en retard.	567,000 00
Un an d'intérêts.	28,350 00
4° Obligations.	234,000 00
Un an d'intérêts.	9,360 00
5° Primes des opérations de l'année.	180,000 00
Total de l'Actif. .	3,327,937 f. 27 c.

Passif.

1° Employé au paiement des obligations, tout l'excédant du produit des annuités.	177,692 f. 28 c.	378,278 80
2° Employé pour suppléer à l'insuffisance. . .	18,461 52	
3° Frais d'administ.	60,000 00	
4° Intérêts du fonds social. . . .	100,000 00	
5° Pertes. . . .	22,125 00	
Reste comme actif net, *à reporter*. .		2,949,658 f. 47 c.

Report.	2,949,658 f. 47 c.
Cet Actif serait insuffisant pour assurer les ressources de l'année suivante; il est convenable de faire un appel de fonds sur le capital social et de le porter à son maximum, qui est de quatre millions 200,000 fr. Cet appel de fonds sera donc de	2,200,000 00
Par ce moyen l'Actif net est de . .	5,149,658 f. 47 c.

Valeurs composant cet Actif.

Capital placé en rentes sur l'État. .	1,700,000 f. 00 c.
Créances sur les débiteurs en retard.	744,000 00
Obligations de la Caisse.	1,856,000 00
Numéraire.	849,658 47
Total égal.	5,149,658 f. 47 c.
Ces valeurs appartiennent en totalité à la Compagnie.	5,149,658 f. 47 c.
De plus, elle est créancière de ses avances faites à la Caisse pour suppléer à l'insuffisance des annuités.	18,461 52
Total. . .	5,168,119 f. 99 c.
Déduisant sur cette somme le capital social.	4,200,000 00
Bénéfices réalisés.	968,119 f. 99 c.

Résultats obtenus à l'expiration de la huitième année.

Opérations engagées.	96,000,000 f. 00 c.
Remboursements effectués. . . .	25,846,153 85
Obligations en circulation. . . .	70,153,846 f. 15 c.

NEUVIÈME ANNÉE.

Actif.

1° Numéraire laissé en caisse. . .	849,658 f. 47 c.
2° Capital placé en rentes sur l'État.	1,700,000 00
Total de l'Actif, *à reporter.*	2,549,658 f. 47 c.
Report . . .	2,549,658 f. 47 c.
Un an d'intérêts.	51,000 00
3° Créances sur les débiteurs en retard.	744,000 00
Un an d'intérêts.	37,200 00
4° Obligations.	1,856,000 00
Un an d'intérêts.	74,240 00
5° Primes des opérations de l'année.	180,000 00
Total de l'Actif. .	5,492,098 f. 47 c.

Passif.

Payé pour insuffisance des annuités.	140,769 f. 24 c.	435,894 24
2° Frais d'administ.	60,000 00	
3° Intérêts du fonds social. . . .	210,000 00	
4° Pertes. . . .	25,125 00	

Reste comme actif net.	5,056,204 f. 23 c.
Cet Actif appartient en entier à la Compagnie, qui de plus est en avance avec la Caisse immobilière, de	159,230 77
Montant de l'Actif de la Compagnie.	5,215,435 f. 00 c.
Déduisant le capital social réalisé. .	4,200,000 00
Bénéfices réalisés. . . .	1,015,435 f. 00 c.

Valeurs composant l'Actif net.

1° Capital placé en rentes sur l'État.	1,884,000 f. 00 c.
2° Créances sur les débiteurs en retard.	945,000 00
3° Obligations.	1,285,000 00
4° Numéraire en caisse.	942,204 23
Total égal. . . .	5,056,204 f. 23 c.

Résultats obtenus à l'expiration de la neuvième année.

Opérations engagées.	108,000,000 f. 00 c.
Remboursements effectués. . . .	33,232,769 23
Obligations en circulation. . . .	4,769,230 f. 77 c.

DIXIÈME ANNÉE.

Actif.

1° Numéraire laissé en caisse. . .	942,204 f. 23 c.
2° Capital placé en rentes sur l'État.	1,884,000 00
Un an d'intérêts.	56,520 00
3° Créances sur les débiteurs en retard.	945,000 00
Un an d'intérêts.	47,250 00
4° Obligations.	1,285,000 00
Un an d'intérêts.	51,400 00
5° Primes des opérations de l'année.	180,000 00
Total de l'Actif. .	5,391,374 f. 23 c.

Passif.

1° Nouvelle insuffisance des annuités.	48,461 f. 52 c.	346,586 52
2° Frais d'administ.	60,000 00	
3° Intérêts du fonds social. . . .	210,000 00	
4° Pertes. . . .	28,125 00	
Reste comme Actif net.		5,044,787 f. 71 c.

Valeurs composant cet Actif.

Capital placé en rentes sur l'État. .	2,062,000 f. 00 c.
Créances sur les débiteurs en retard.	1,170,000 00
Obligations.	782,000 00
Numéraire en caisse.	1,030,787 71
Total égal. . . .	5,044,787 f. 71 c.
Ces valeurs appartiennent en totalité à la Compagnie qui de plus est en avance envers la Caisse, de . .	207,692 28
Total de l'Actif de la Compagnie.	5,252,479 f. 99 c.
Déduisant son fonds social. . .	4,200,000 00
Il reste pour bénéfices réalisés. . .	1,052,479 f. 99 c.

Résultats obtenus à l'expiration de la dixième année.

Opérations engagées, *à reporter*. .	120,000,000 f. 00 c.
Report. . . .	120,000,000 f. 00 c.
Remboursements effectués. . . .	41,538,461 54
Obligations encore en circulation. .	78,461,538 f. 46 c.

ONZIÈME ANNÉE.

Actif.

1° Numéraire en caisse.	1,030,787 f. 71 c.
2° Capital placé en rentes sur l'État.	2,062,000 00
Un an d'intérêts.	61,860 00
3° Créances sur les débiteurs en retard.	1,170,000 00
Un an d'intérêts.	58,500 00
4° Obligations.	782,000 00
Un an d'intérêts.	31,280 00
5° Primes des opérations de l'année.	180,000 00
6° Excédant des annuités. . . .	80,769 24
Total de l'Actif. .	5,457,196 f. 95 c.

Passif.

1° Frais d'administ.	60,000 f. 00 c.	301,125 00
2° Intérêts du fonds social. . . .	210,000 00	
3° Pertes. . . .	31,125 00	
Reste comme actif net.		5,156,071 f. 95 c.

Valeurs composant cet Actif.

Capital placé en rentes sur l'État. .	2,234,000 f. 00 c.
Créances sur les débiteurs en retard.	1,419,000 00
Obligations.	386,000 00
Numéraire en Caisse.	1,117,071 95
Total égal.	5,156,071 f. 95 c.
Ces valeurs appartiennent en totalité à la Compagnie, qui de plus est en avance avec la Caisse de . . .	126,923 04
Total de l'Actif de la Compagnie.	5,282,994 f. 99 c.
Son fonds social prélevé.	4,200,000 00
Il reste comme bénéfices réalisés. .	1,082,994 f. 99 c.

Résultats obtenus à l'expiration de la onzième année.

Opérations engagées.	132,000,000 f. 00 c.
Remboursements effectués. . . .	50,769,230 77
Obligations encore en circulation. .	81,230,769 f. 23 c.

DOUZIÈME ANNÉE.

Actif.

1° Numéraire en caisse.	1,117,071 f. 95 c.
2° Capital placé en rentes sur l'État.	2,234,000 00
Un an d'intérêts.	67,020 00
3° Créances sur les débiteurs en retard.	1,419,000 00
Un an d'intérêts.	70,950 00
4° Obligations.	386,000 00
Un an d'intérêts.	15,440 00
5° Excédant des annuités de l'année.	120,000 00
6° Prime des opérations de l'année.	180,000 00
7° Rentrée dans l'insuffisance des obligations.	126,923 04
Total de l'Actif. .	5,736,404 f. 99 c.

Passif.

1° Frais d'administ.	60,000 f. 00 c.	304,125 00
2° Intérêts du fonds social. . . .	210,000 00	
3° Pertes. . . .	34,125 00	
Reste comme Actif net.		5,432,279 f. 99 c.

Valeurs composant cet Actif.

Capital placé en rentes sur l'État. .	2,400,000 f. 00 c.
Créances sur les débiteurs en retard.	1,692,000 00
Obligations.	140,000 00
Numéraire en caisse.	1,200,279 99
Total égal. . .	5,432,279 f. 99 c.

Ces valeurs appartiennent, savoir :

A la Compagnie.	5,312,279 f. 99 c.
A reporter. . . .	5,312,279 f. 99 c.
Report.	5,312,279 f. 99 c.
A la Caisse immobilière, excédant du produit des annuités. . . .	120,000 00
Total égal. . .	5,432,279 f. 99 c.

Résultats obtenus à l'expiration de la douzième année.

Opérations engagées.	144,000,000 f. 00 c.
Remboursements effectués. . . .	60,923,076 92
Obligations en circulation. . . .	83,076,923 f. 08 c.

Bénéfices acquis à la Compagnie.

L'avoir de la Compagnie est de . .	5,312,279 f. 99 c.
Dont pour son fonds social émis. .	4,200,000 00
Et pour bénéfices réalisés. . . .	1,112,279 f. 99 c.

TREIZIÈME ANNÉE.

Actif.

1° Numéraire laissé en caisse. . .	1,200,279 f. 99 c.
2° Capital placé en rentes sur l'État.	2,400,000 00
Un an d'intérêts.	72,000 00
3° Créances sur les débiteurs en retard.	1,692,000 00
Un an d'intérêts.	84,600 00
4° Obligations.	140,000 00
Un an d'intérêts.	5,600 00
5° Nouvel excédant des annuités. .	450,000 00
6° Prime des opérations de l'année.	180,000 00
Total de l'Actif. . .	6,224,479 f. 99 c.

Passif.

1° Frais d'administ.	60,000 f. 00 c.	307,125 00
2° Intérêts du fonds social. . . .	210,000 00	
3° Pertes. . . .	37,125 00	
Reste comme actif net.		5,917,354 f. 99 c.

Valeurs composant cet Actif.

Capital placé en rentes sur l'État. .	2,560,000 f. 00 c.
A reporter.	2,560,000 f. 00 c.

Report.	2,560,000 f. 00 c.
Créances sur les débiteurs en retard.	1,989,000 00
Obligations.	88,000 00
Numéraire en caisse.	1,280,354 69
Total égal. . .	5,917,354 f. 99 c.

Ces valeurs appartiennent, savoir :

A la Compagnie.	5,347,354 f. 99 c.
A la Caisse immobilière.	570,000 00
Total égal.	5,917,354 f. 99 c.

Résultats à l'expiration de la treizième année.

Opérations engagées.	156,000,000 f. 00 c.
Remboursements effectués. . . .	72,000,000 00
Obligations en circulation. . . .	84,000,000 f. 00 c.

Bénéfices acquis à la Compagnie.

Sur l'avoir de l'Établissement, s'élevant à	5,347,354 f. 99 c.
Il faut compter pour son capital réalisé.	4,200,000 00
Bénéfices réalisés. . .	1,147,354 f. 99 c.

QUATORZIÈME ANNÉE.

Actif.

1° Numéraire en caisse.	1,280,354 f. 99 c.
2° Capital en rentes sur l'État. . .	2,560,000 00
Un an d'intérêts.	76,800 00
3° Créances sur les débiteurs en retard.	1,989,000 00
Un an d'intérêts.	99,450 00
4° Obligations.	88,000 00
Un an d'intérêts.	3,520 00
5° Primes des opérations de l'année. (On s'arrête ici, ne voulant point appliquer ce compte à une nouvelle série d'opérations.) — Ces primes s'élèveraient à 180 f. (Mémoire.)	» »
A reporter. . . .	6,097,124 f. 99 c.

Report.	6,097,124 f. 99 c.
6° Bénéfices réalisés sur les opérations de la première année, à raison de 2 pour o/o, comme l'établit le tableau des opérations.	240,000 00
Prorata d'intérêt de ces bénéfices, placés en obligations au fur et à mesure de leur rentrée. . . .	5,200 00
Total. . .	6,342,324 f. 99 c.

Passif.

1° Employé pour suppléer à l'insuffisance des annuités. . .	450,000 f. 00 c.	747,875 00
2° Frais d'administ.	50,000 00	
3° Intérêts du fonds social. . . .	210,000 00	
4° Pertes. . . .	37,875 00	
Reste comme Actif net. .		5,594,449 f. 99 c.

Valeurs composant cet Actif.

Capital en rentes sur l'État. . . .	2,327,000 f. 00 c.
Créances sur les débiteurs en retard.	1,788,500 00
Obligations.	315,000 00
Numéraire en caisse.	1,163,949 99
Total égal.	5,594,449 f. 99 c.

Ces valeurs appartiennent, savoir :

A la Compagnie.	5,416,757 f. 69 c.
A la Caisse, comme excédant des annuités.	177,692 30
Total égal. .	5,594,449 f. 99 c.

Résultats obtenus à l'expiration de la quatorzième année.

Opérations engagées.	156,000,000 00
Remboursements effectués. . . .	84,000,000 00
Obligations en circulation. . . .	72,000,000 f. 00 c.

Bénéfices acquis à la Compagnie.

L'avoir de la Compagnie étant de .	5,474,449 f. 99 c.
Capital social émis.	4,200,000 00
Bénéfices réalisés. . . .	1,274,449 f. 99 c.

QUINZIÈME ANNÉE.

Actif.

1° Numéraire en caisse.	1,163,949 f. 99 c.
2° Capital en rentes sur l'État. . .	2,327,000 00
Un an d'intérêts.	69,810 00
3° Créances sur les débiteurs en retard.	1,788,500 00
Un an d'intérêts.	89,400 00
4° Obligations.	315,000 00
Un an d'intérêts.	12,600 00
5° Bénéfices réalisés sur les opérations de la seconde année.	240,000 00
Prorata d'intérêts.	5,200 00
Total de l'Actif. . . .	6,011,459 f. 99 c.

Passif.

1° Extinction complète de l'excédant des annuités des années précédentes. .	120,000 f. 00 c.	
2° Employé pour suppléer à l'insuffisance des annuités. . .	126,923 07	541,798 07
3° Frais d'administ.	50,000 00	
4° Pertes. . . .	34,875 00	
5° Intérêts du fonds social. . . .	210,000 00	
Reste comme actif net.		5,469,661 f. 92 c.

Sur cet Actif, appartenant en totalité à la Compagnie, il est convenable

A reporter. . . . 5,469,661 f. 92 c.

Report . . . 5,469,661 f. 92 c.

de rembourser 800,000 fr. sur le capital social.	800,000 00
Reste en Actif. . .	4,669,661 f. 92 c.

Valeurs composant cet Actif.

Capital placé en rentes sur l'État. .	2,100,000 f. 00 c.
Créances sur les débiteurs en retard.	1,507,500 00
Obligations de la Caisse.	12,000 00
Numéraire.	1,050,161 92
Total égal.	4,669,661 f. 92 c.

Résultats à l'expiration de la quinzième année.

Opérations engagées.	156,000,000 f. 00 c.
Remboursements effectués. . . .	95,076,923 06
Obligations en circulation. . . .	60,923,076 f. 94 c.

Bénéfices acquis à l'Établissement.

L'avoir de la Compagnie s'élève à . y compris 126,923 fr. 07 c. dont elle est en avance avec la Caisse.	4,797,084 f. 99 c.
Son capital, déduction faite du remboursement.	3,400,000 00
Bénéfices réalisés. .	1,377,084 f. 99 c.

SEIZIÈME ANNÉE.

Actif.

1° Numéraire laissé en caisse. . .	1,050,161 f. 92 c.
2° Capital placé en rentes sur l'État.	2,100,000 00
Un an d'intérêts.	63,000 00
3° Créances sur les débiteurs en retard.	1,507,500 00
Un an d'intérêts.	75,350 00
4° Obligations.	12,000 00
Un an d'intérêts.	480 00
5° Bénéfices réalisés sur les opérations de la troisième année.	240,000 00
Prorata d'intérêts.	5,200 00
Total de l'Actif. .	5,053,691 f. 92 c.

Report. . .		5,053,691 f. 92 c.

Passif.

1° Employé pour suppléer à l'insuffisance des annuités. . . .	80,769 f. 24 c.	332,644 24
2° Frais d'administ.	50,000 00	
3° Intérêts du fonds social. . . .	170,000 00	
4° Pertes. . . .	31,875 00	
Reste comme Actif net.		4,721,047 f. 68 c.
Sur cet Actif, appartenant en totalité à la Compagnie, il est convenable de rembourser encore sur le fonds social.		600,000 00
Reste en Actif. . .		4,121,047 f. 68 c.

Emploi de cet Actif.

1° Capital placé en rentes sur l'État.	1,877,000 f. 00 c.
2° Créances sur les débiteurs en retard.	1,250,500 00
3° Obligations.	54,000 00
4° Numéraire en caisse.	939,547 68
Total égal. . . .	4,121,047 f. 68 c.

Résultats obtenus à l'expiration de la seizième année.

Opérations engagées.	156,000,000 f. 00 c.
Remboursements effectués. . .	105,230,769 23
Obligations en circulation. . . .	50,769,230 f. 77 c.

Bénéfices acquis à l'Établissement.

L'avoir de la Compagnie, y compris 207,692 fr. 32 c. dont elle est en avance avec la Caisse, est de . .	4,328,740 f. 00 c.
Déduisant son capital social. . . .	2,800,000 00
Il reste pour bénéfices réalisés. . .	1,528,740 f. 00 c.

DIX-SEPTIÈME ANNÉE.

Actif.

1° Capital placé en rentes sur l'État.	1,878,000 f. 00 c.
Un an d'intérêts.	56,340 00
2° Numéraire laissé en caisse. . .	939,547 68
3° Créances sur les débiteurs en retard.	1,250,500 00
Un an d'intérêts.	62,525 00
4° Obligations.	54,000 00
Un an d'intérêts.	2,160 00
5° Recouvré sur l'excédant des obligations.	48,461 54
6° Bénéfices réalisés sur les opérations de la quatrième année. . . .	240,000 00
Prorata d'intérêts.	5,200 00
Total de l'Actif. .	4,535,704 f. 22 c.

Passif.

1° Frais d'administ.	50,000 f. 00 c.	218,875 00
2° Intérêts du fonds social. . . .	140,000 00	
3° Pertes. . . .	28,875 00	
Reste comme Actif net.		4,316,829 f. 22 c.
Sur cet Actif appartenant en totalité à la Compagnie, il est convenable de rembourser sur le fonds social		800,000 00
Reste en Actif. .		3,516,829 f. 22 c.

Valeurs composant cet Actif.

Numéraire en caisse.	832,329 f. 22 c.
Capital en rentes sur l'État. . . .	1,662,000 00
Obligations.	5,000 00
Créances sur les débiteurs en retard.	1,917,500 00
Total égal.	3,516,829 f. 22 c.

Résultats obtenus à l'expiration de la dix-septième année.

Opérations engagées.	156,000,000 00
A reporter.	156,000,000 f. 00 c.

Report.	156,000,000 f. 00 c.
Remboursements effectués. . . .	114,461,538 47
Obligations en circulation. . . .	41,538,461 f. 53 c.

Bénéfices acquis à l'Établissement.

A l'Actif net ci-dessus, appartenant à la Compagnie, ...	3,516,829 f. 22 c.
Il faut ajouter ce dont elle est en avance avec la Caisse.	159,230 77
Ensemble. . .	3,676,059 f. 99 c.
Son capital social réduit étant de .	2,000,000 00
Bénéfices réalisés. . . .	1,676,059 f. 99 c.

DIX-HUITIÈME ANNÉE.

Actif.

1° Numéraire en caisse.	832,329 f. 22 c.
2° Capital placé en rentes sur l'État.	1,662,000 00
Un an d'intérêts.	50,860 00
3° Créances sur les débiteurs en retard.	1,017,500 00
Un an d'intérêts.	50,875 00
4° Obligations.	5,000 00
Un an d'intérêts.	200 00
5° Extinction complète de l'excédant du passif des obligations. . . .	159,230 77
6° Excédant des annuités sur les obligations.	18,461 47
7° Bénéfices réalisés sur les opérations de la cinquième année. . . .	240,000 00
Prorata d'intérêts.	5,200 00
Total de l'Actif. .	4,041,656 f. 46 c.

Passif.

1° Frais d'administ.	50,000 f. 00 c.	175,875 00
2° Intérêts du fonds social. . . .	100,000 00	
3° Pertes. . . .	25,875 00	
Reste comme Actif net, *à reporter*. .		3,865,781 f. 46 c.

Report.	3,865,781 f. 46 c.
Sur cet Actif, il convient de rembourser au capital social. . . .	800,000 00
Reste en Actif. . .	3,065,781 f. 46 c.

Valeurs composant cet Actif.

Capital placé en rentes sur l'État. .	1,453,000 f. 00 c.
Créances sur les débiteurs en retard.	808,500 00
Obligations.	77,000 00
Numéraire en caisse.	727,281 46
Total égal. . .	3,065,781 f. 46 c.

Résultats obtenus à l'expiration de la dix-huitième année.

Opérations engagées.	156,000,000 f. 00 c.
Remboursements effectués. . . .	122,769,230 77
Obligations en circulation. . . .	33,230,769 f. 23 c.

Bénéfices acquis à l'Établissement.

L'Actif net constaté ci-dessus est de	3,065,781 f. 46 c.
Sur cette somme, il appartient à la Caissse immobilière.	18,461 46
Le surplus appartenant à la Compagnie est de	3,047,320 00
Déduisant son fonds social réduit à	1,200,000 00
Bénéfices réalisés.	1,847,320 f. 00 c.

DIX-NEUVIÈME ANNÉE.

Actif.

1° Numéraire laissé en caisse. . .	727,281 f. 46 c.
2° Capital placé en rentes sur l'État.	453,000 00
Un an d'intérêts.	43,590 00
3° Créances sur les débiteurs en retard.	808,500 00
Un an d'intérêts.	40,425 00
4° Obligations.	77,000 00
Un an d'intérêts.	3,080 00
A reporter. . . .	3,152,876 f. 46 c.

Report. . . .	3,152,876 f. 46 c.
5° Excédant sur les annuités. . .	159,230 77
6° Bénéfices réalisés sur les opérations de la sixième année.	240,000 00
Prorata d'intérêts.	5,200 00
Total de l'Actif. .	3,557,307 f. 23 c.

Passif.

1° Frais d'administ.	50,000 f. 00 c.	132,875 00
2° Intérêts du fonds social. . . .	60,000 00	
3° Pertes. . . .	22,875 00	
Reste comme Actif net.		3,424,432 f. 23 c.
Sur cet Actif, il convient de rembourser au capital social. . . .		900,000 00
Reste en Actif. .		2,524,432 f. 23 c.

Valeurs composant cet Actif.

Capital placé en rentes sur l'État. .	1,250,000 f. 00 c.
Créances sur les débiteurs en retard.	623,500 00
Obligations.	25,000 00
Numéraire en Caisse.	625,932 23
Total égal.	2,524,432 f. 23 c.
Sur cet Actif, il appartient à la Compagnie.	2,346,739 93
Et à la Caisse, provenant de l'excédant des annuités.	177,692 f. 30 c.

Résultats obtenus à l'expiration de la dix-neuvième année.

Opérations engagées.	156,000,000 f. 00 c.
Remboursements effectués. . . .	130,153,846 16
Obligations encore en circulation. .	25,846,153 f. 84 c.

Bénéfices acquis à l'Établissement.

L'avoir de la Compagnie est de . .	2,346,739 f. 93 c.
A reporter.	2,346,739 f. 93 c.
Report.	2,346,739 f. 93 c.
Fonds social réduit.	300,000 00
Bénéfices réalisés.	2,046,739 f. 93 c.

VINGTIÈME ANNÉE.

Actif.

1° Numéraire en caisse.	625,932 f. 23 c.
2° Capital placé en rentes sur l'État.	1,250,000 00
Un an d'intérêts.	37,500 00
3° Créances sur les débiteurs en retard.	623,500 00
Un an d'intérêts.	31,175 00
4° Obligations.	25,000 00
Un an d'intérêts.	1,000 00
5° Nouvel excédant sur les annuités.	214,615 39
6° Bénéfices acquis sur les opérations de la septième année.	240,000 00
Prorata d'intérêts.	5,200 00
Total de l'Actif. . .	3,053,922 f. 62 c.

Passif.

1° Frais d'administ.	50,000 f. 00 c.	84,875 00
2° Intérêts du fonds social. . . .	15,000 00	
3° Pertes. . . .	19,875 00	
Reste comme Actif net. .		2,969,047 f. 62 c.
Sur cet Actif, il convient de rembourser intégralement le capital social.		300,000 00
Reste pour Actif. . .		2,669,047 f. 62 c.

Valeurs composant cet Actif.

Capital placé en rentes sur l'État. .	1,053,000 f. 00 c.
Créances sur les débiteurs en retard.	462,500 00
Obligations.	626,000 00
Numéraire en caisse.	527,547 62
Total égal, *à reporter.* .	2,669,047 f. 62 c.

Report. . . .	2,669,047 f. 62 c.
Sur cette somme, il appartient à la Caisse immobilière, comme excédant du produit des annuités. .	392,307 69
Le surplus appartient à la Compagnie comme bénéfices, son capital lui étant remboursé.	2,276,739 f. 93 c.

Résultats obtenus à l'expiration de la vingtième année.

Opérations engagées.	156,000.000 00
Remboursements effectués. . .	136,615,384 62
Obligations en circulation. . . .	19,384,615 f. 38 c.

VINGTIÈME ANNÉE.

Actif.

1° Numéraire en caisse.	527,547 f. 62 c.
2° Capital placé en rentes sur l'État.	1,053,000 00
Un an d'intérêts.	31,590 00
3° Créances sur les débiteurs en retard.	462,500 00
Un an d'intérêts.	23,125 00
4° Obligations.	626,000 00
Un an d'intérêts.	25,040 00
5° Excédant des annuités. . . .	196,153 84
6° Bénéfices acquis sur les opérations de la huitième année.	240,000 00
Prorata d'intérêts.	5,200 00
Total de l'Actif. .	3,190,156 f. 46 c.

Passif.

1° Frais d'administ.	50,000 f. 00 c.	66,875 00
3° Pertes. . . .	16,875 00	
Reste comme actif net.		3,123,281 f. 46 c.
Cet Actif comprend l'excédant des annuités, qui appartient à la Caisse, de		588,461 53
Le surplus appartient à la Compagnie.		2,534,819 f. 93 c.

Valeurs composant l'Actif net.

Numéraire en caisse, *à reporter.* .	431,781 f. 46 c.
Report.	431,781 f. 46 c.
Capital en rentes sur l'État. . . .	862,000 00
Obligations.	1,504,000 00
Créances sur les débiteurs en retard.	325,500 00
Total égal.	3,123,281 f. 46 c.

Résultats obtenus à l'expiration de la vingt-unième année.

Opérations engagées.	156,000,000 f. 00 c.
Remboursements effectués. . .	141,153,846 16
Obligations en circulation. . . .	14,846,153 f. 84 c.

VINGT-DEUXIÈME ANNÉE.

Actif.

1° Numéraire laissé en caisse. . .	431,781 f. 46 c.
2° Capital placé en rentes sur l'État.	862,000 00
Un an d'intérêts.	25,860 00
3° Créances sur les débiteurs en retard.	325,500 00
Un an d'intérêts.	16,275 00
4° Obligations.	1,504,000 00
Un an d'intérêts.	60,160 00
5° Nouvel excédant sur les annuités.	140,769 24
6° Bénéfices réalisés sur les opérations de la neuvième année.	240,000 00
Prorata d'intérêts.	5,200 00
Total de l'Actif. . . .	3,611,545 f. 70 c.

Passif.

2° Frais d'administ.	50,000 00	63,875 00
4° Pertes. . . .	13,875 00	
Reste comme Actif net.		3,547,670 f. 70 c.

Valeurs composant cet Actif.

Capital placé en rentes sur l'État. .	677,000 f. 00 c.
Créances sur les débiteurs en retard.	212,500 00
Obligations.	2,318,000 00
Numéraire en caisse.	340,170 70
Total égal, *à reporter.*	3,547,670 f. 70 c.

Report.	3,547,670 f. 70 c.
Dans cette somme sont compris les 729,230 fr. 77 c. appartenant à la Caisse comme excédant des annuit.	729,230 77
Le surplus appartient comme bénéfices à la Compagnie.	2,818,439 f. 93 c.

Résultats obtenus à l'expiration de la vingt-deuxième année.

Opérations engagées.	156,000,000 f. 00 c.
Remboursements effectués. . . .	146,768,230 77
Obligations en circulation. . . .	9,231,769 f. 23 c.

VINGT-TROISIÈME ANNÉE.

Actif.

1° Numéraire en caisse.	340,170 f. 70 c.
2° Capital en rentes sur l'État. . .	677,000 00
Un an d'intérêts.	20,310 00
3° Créances sur les débiteurs en retard.	212,500 00
Un an d'intérêts.	10,625 00
4° Obligations.	2,318,000 00
Un an d'intérêts.	92,720 00
5° Nouvel excédant sur les annuités.	48,461 53
6° Bénéfices acquis sur les opérations de la dixième année.	240,000 00
Prorata d'intérêts.	5,200 00
Total de l'Actif. . .	3,964,987 f. 23 c.

Passif.

1° Frais d'administ.	50,000 00	60,875 00
2° Pertes. . . .	10,875 00	
Reste en Actif. . .		3,904,112 f. 23 c.
Dans ces sommes, l'excédant des annuités appartenant à la Caisse, figure pour		777,692 30
Le surplus constitue l'avoir et le bénéfice de la Compagnie. . . .		3,126,419 f. 93 c.

Valeurs composant l'Actif net.

Capital placé en rentes sur l'État. .	500,000 f. 00 c.
Créances sur les débiteurs en retard.	123,500 00
Obligations de la Caisse, *à reporter.*	3,030,000 00
Report . . .	3,030,000 f. 00 c.
Numéraire.	250,612 23
Total égal à l'Actif net.	3,904,112 f. 23 c.

Résultats à l'expiration de la vingt-troisième année.

Opérations engagées.	156,000,000 f. 00 c.
Remboursements effectués. . .	150,461,538 47
Obligations en circulation. . . .	5,538,461 f. 53 c.

VINGT-QUATRIÈME ANNÉE.

Actif.

1° Numéraire laissé en caisse. . .	250,612 f. 23 c.
2° Capital placé en rentes sur l'État.	500,000 00
Un an d'intérêts.	15,000 00
3° Créances sur les débiteurs en retard.	123,500 00
Un an d'intérêts.	6,175 00
4° Obligations.	3,030,000 00
Un an d'intérêts.	121,200 00
5° Bénéfices réalisés sur les opérations de la onzième année.	240,000 00
Prorata d'intérêts.	5,200 00
Total de l'Actif. .	4,291,687 f. 23 c.

Passif.

1° Employé pour suppléer à l'insuffisance des annuités. . . .	80,769 f. 23 c.	158,644 23
2° Frais d'administ.	50,000 00	
3° Pertes. . . .	7,875 00	
Reste comme Actif net.		4,153,043 f. 00 c.

Valeurs composant cet Actif.

Capital placé en rentes sur l'État. .	327,000 f. 00 c.
Créances sur les débiteurs en retard.	58,500 00
Obligations ou autres valeurs. . .	3,603,000 00
Numéraire en Caisse.	164,543 00
Total égal.	4,153,043 f. 00 c.
L'excédant des annuités, appartenant à la Caisse, est à compter dans cette somme pour . . . *à reporter.*	696,923 07

Report.	696,923 f. 07 c.
Le surplus forme l'avoir et le bénéfice de la Compagnie.	3,456,119 f. 93 c.

Résultats obtenus à l'expiration de la vingt-quatrième année.

Opérations engagées.	156,000,000 f. 00 c.
Remboursements effectués. . .	153,230,769 23
Obligations encore en circulation. .	2,769,230 f. 77 c.

VINGT-CINQUIÈME ANNÉE.

Actif.

1° Numéraire en caisse.	164,543 f.	00 c.
2° Capital placé en rentes sur l'État.	327,000	00
Un an d'intérêts.	9,810	00
3° Créances sur les débiteurs en retard.	58,500	00
Un an d'intérêts.	2,925	00
4° Obligat. ou autres valeurs à 4 p. °/o.	3,603,000	00
Un an d'intérêts.	144,120	00
5° Bénéfices réalisés sur les opérations de la douzième année. . . .	240,000	00
Prorata d'intérêts.	5,200	00
Total de l'Actif. .	4,555,098 f.	00 c.

Passif.

1° Employé pour suppléer à l'insuffisance des annuités. . .	246,923 f. 07 c.		
2° Frais d'administ.	50,000 00	301,798	07
3° Pertes. . . .	4,875 00		
Actif net. .		4,253,299 f.	93 c.

Valeurs composant cet Actif.

Capital placé en rentes sur l'État. .	160,000 f.	00 c.
Créances sur les débiteurs en retard.	17,500	00
Obligations.	3,994,000	00
Numéraire en caisse.	81,799	93
Total égal. . . .	4,253,299 f.	93 c.
Dans cette somme, l'excédant des annuités entre pour	450,000	00
Reste comme avoir et comme bénéfices à la Compagnie.	3,803,299 f.	93 c.

Résultat des opérations à la vingt-cinquième année.

Montant des opérations engagées.	156,000,000 f. 00 c.
Remboursements effectués. . .	155,076,923 08
Obligations en circulation. . . .	923,076 f. 92 c.

VINGT-SIXIÈME ET DERNIÈRE ANNÉE.

Actif.

1° Capital placé en rentes sur l'État.	160,000 f.	00 c.
Un an d'intérêts.	4,800	00
2° Numéraire laissé en caisse. . .	81,797	93
3° Créances sur les débiteurs en retard.	17,500	00
Un an d'intérêts.	875	00
4° Obligations.	3,994,000	00
Un an d'intérêts.	159,760	00
5° Bénéfices réalisés sur les opérations de la treizième année.	240,000	00
Prorata d'intérêts.	5,200	00
Total de l'Actif. .	4,663,934 f.	93 c.

Passif.

1° Employé au paiement des obligations, l'excédant total des annuités s'élèvent à .	450,000 f. 00 c.		
2° Frais d'administ.	50,000 f. 00 c.	501,875	00
3° Pertes. . . .	28,875 00		
Reste comme Actif net.		4,162,059 f.	93 c.

Résultats obtenus finalement.

Mont^t total des opérations engagées.	156,000,000 f.	00 c.
— — remboursements effect.	156,000,000	00
Obligations restant en circulation.	000,000,000	00

Bénéfices.

On voit qu'après l'extinction complète et absolue des Obligations, il reste finalement comme bénéfice net réalisé, quatre millions cent soixante-deux mille cinquante-neuf francs quatre-vingt-treize centimes.

CAISSI

Tableau présentant à toutes les époques le montant des opérations engagées, des annuités à recevo
obligations et l'excédant final des annuités revenant com

Époques.		Opérations engagées.				Somme			
		Principal de la Dette crée par les débiteurs, en annuités; par la Caisse, en obligat^{s}.		Montant des obligations en circulation remboursements déduits.		en caisse, provenant de l'ecédent des annuités.		à fournir pour suppléer à l'insuffisance des annuités.	
		FR.	C.	FR.	C.	FR.	C.	FR.	C.
1re année.	Janvier.	1,000,000	00	1,000,000	00	»	»	»	»
	Février.	2.000,000	00	2,000,000	00	»	»	»	»
	Mars.	3,000,000	00	3,000,000	00	»	»	»	»
	Avril.	4,000,000	00	4,000,000	00	25,000	00	»	»
	Mai.	5,000,000	00	5,000,000	00	50,000	00	»	»
	Jnin.	6.000,000	00	6,000,000	00	75,000	00	»	»
	Juillet.	7,000,000	00	7,000,000	00	125,000	00	»	»
	Août.	8,000,000	00	8,000,000	00	175,000	00	»	»
	Septembre.	9,000,000	00	9,000,000	00	225,000	00	»	»
	Octobre.	10,000,000	00	10,000,000	00	300,000	00	»	»
	Novembre.	11,000,000	00	11,000,000	00	375,000	00	»	»
	Décembre.	12,000,000	00	12,000,000	00	450,000	00	»	»
2e année.	Janvier.	13,000,000	00	12,923,076	92	433,076	92	»	»
	Février.	14,000,000	00	13,846,153	84	416,153	84	»	»
	Mars.	15,000,000	00	14,769,230	76	399,230	76	»	»
	Avril.	16,000,000	00	15,692,307	69	407,307	69	»	»
	Mai.	17,000,000	00	16,615,384	61	415,384	61	»	»
	Juin.	18,000,000	00	17,538,461	53	423,461	53	»	»
	Juillet.	19,000,000	00	18,461,538	46	456,538	45	»	»
	Août.	20,000,000	00	19,384,615	38	489,615	38	»	»
	Septembre.	21,000,000	00	20,307,692	30	522,692	30	»	»
	Octobre.	22,000,000	00	21,230,769	23	580,769	23	»	»
	Novembre.	23,000,000	00	22,153,846	15	638,846	15	»	»
	Décembre.	24,000,000	00	23,076,923	07	696,923	07	»	»
3e année.	Janvier.	25,000,000	00	23,923,076	92	666,153	85	»	»
	Février.	26,000,000	00	24,769,230	76	635,384	64	»	»
	Mars.	27,000,000	00	25,615,384	61	694,615	38	»	»
	Avril.	28,000,000	00	26,461,538	46	598,846	15	»	»
	Mai.	29,000,000	00	27,307,692	30	593,076	92	»	»
	Juin.	30,000,000	00	28,153,846	15	587,307	76	»	»
	Juillet.	31,000,000	00	29,000,000	00	606,538	46	»	»
	Août.	32,000,000	00	29,846,153	84	625,769	23	»	»
	Septembre.	33,000,000	00	30,692,307	69	644,999	99	»	»
	Octobre.	34,000,000	00	31,538,461	53	639,230	77	»	»
	Novembre.	35,000,000	00	32,384,615	38	733,461	53	»	»
	Décembre.	36,000,000	00	33,230,769	23	777,692	30	»	»

IMMOBILIÈRE.

es obligations à payer, l'excédent ou l'insuffisance momentanée des annuités pour faire face aux énéfice à l'Établissement, après l'extinction des obligations.

	Échéances des annuités à recevoir et des obligations à payer.	Montant des annuités à recevoir.	MONTANT DES OBLIGATIONS A PAYER.			Excédant momentané des annuités.	Insuffisance momentanée des annuités.	Excédant final des annuités ou bénéfices réalisés.
			Intérêts.	Remboursement de treizième.	TOTAL.			
		FR. C.	FR. C.	FR. C.	FR. C.	FR. C.	FR. C.	FR. C.
1re ANNÉE.	Janvier. .	» »	» »	» »	» »	» »	» »	» »
	Février. .	» »	» »	» »	» »	» »	» »	» »
	Mars. . . .	» »	» »	» »	» »	» »	» »	» »
	Avril. . .	25,000 00	» »	» »	» »	25,000 00	» »	» »
	Mai. . . .	25,000 00	» »	» »	» »	25,000 00	» »	» »
	Juin. . . .	25,000 00	» »	» »	» »	25,000 00	» »	» »
	Juillet. . .	50,000 00	» »	» »	» »	50,000 00	» »	» »
	Août. . . .	50,000 00	» »	» »	» »	50,000 00	» »	» »
	Septem. .	50,000 00	» »	» »	» »	50,000 00	» »	» »
	Octobre. .	75,000 00	» »	» »	» »	75,000 00	» »	» »
	Novem.. .	75,000 00	» »	» »	» »	75,000 00	» »	» »
	Décem.. .	75,000 00	» »	» »	» »	75,000 00	» »	» »
2e ANNÉE.	Janvier. .	100,000 00	40,000 00	76,923 08	116,923 08	» »	16,923 08	» »
	Février. .	100,000 00	40,000 00	76,923 08	116,923 08	» »	16,923 08	» »
	Mars. . . .	100,000 00	40,000 00	76,923 08	116,923 08	» »	16,923 08	» »
	Avril.. . .	125,000 00	40,000 00	76,923 08	116,923 08	8,076 92	» »	» »
	Mai. . . .	125,000 00	40,000 00	76,923 08	116,923 08	8,076 92	» »	» »
	Juin. . . .	125,000 00	40,000 00	76,923 08	116,923 08	8,076 92	» »	» »
	Juillet. . .	150,000 00	40,000 00	76,923 08	116,923 08	33,076 92	» »	» »
	Août.. . .	150,000 00	40,000 00	76,923 08	116,923 08	33,076 92	» »	» »
	Septem. .	150,000 00	40,000 00	76,923 08	116,923 08	33,076 92	» »	» »
	Octobre. .	175,000 00	40,000 00	76,923 08	116,923 08	58,076 92	» »	» »
	Novem.. .	175,000 00	40,000 00	76,923 08	116,923 08	58,076 92	» »	» »
	Décem.. .	175,000 00	40,000 00	76,923 08	116,923 08	58,076 92	» »	» »
3e ANNÉE.	Janvier. .	200,000 00	76,923 08	153,846 15	230,769 23	» »	30,769 23	» »
	Février. .	200,000 00	76,923 08	153,846 15	230,769 23	» »	30,769 23	» »
	Mars.. . .	200,000 00	76,923 08	153,846 15	230,769 23	» »	30,769 23	» »
	Avril.. . .	225,000 00	76,923 08	153,846 15	230,769 23	» »	5,769 23	» »
	Mai. . . .	225,000 00	76,923 08	153,846 15	230,769 23	» »	5,769 23	» »
	Jnin. . . .	225,000 00	76,923 08	153,846 15	230,769 23	» »	5,769 23	» »
	Juillet. . .	250,000 00	76,923 08	153,846 15	230,769 23	19,230 77	» »	» »
	Août.. . .	250,000 00	76,923 08	153,846 15	230,769 23	19,230 77	» »	» »
	Septem. .	250,000 00	76,923 08	153,846 15	230,769 23	19,230 77	» »	» »
	Octobre. .	275,000 00	76,923 08	153,846 15	230,769 23	44,230 77	» »	» »
	Novem.. .	275,000 00	76,923 08	153,846 15	230,769 23	44,230 77	» »	» »
	Décem. .	275,000 00	76,923 08	153,846 15	230,769 23	44,230 77	» »	» »

ÉPOQUES.		OPÉRATIONS ENGAGÉES. Principal de la Dette créée par les débiteurs, en annuités; par la Caisse, en obligat^s.	OPÉRATIONS ENGAGÉES. Montant des obligations en circulation remboursements déduits.	SOMME en caisse, provenant de l'excédant des annuités.	SOMME à fournir pour suppléer à l'insuffisance des annuités.
		FR. C.	FR. C.	FR. C.	FR. C.
4e ANNÉE.	Janvier.	37,000,000 00	34,000,000 00	736,153 85	» »
	Février.	38,000,000 00	34,769,230 77	694.615 38	» »
	Mars.	39,000,000 00	35,538,461 54	653,076 92	» »
	Avril.	40,000,000 00	36,307,692 31	636,538 46	» »
	Mai.	41,000,000 00	37,076,923 08	620,000 00	» »
	Juin.	42,000,000 00	37,846,153 84	603,461 53	» »
	Juillet.	43,000,000 00	38,615,384 61	611,923 08	» »
	Août.	44,000,000 00	39,384,615 38	620,384 61	» »
	Septembre.	45,000,000 00	40,153,846 15	628,846 15	» »
	Octobre.	56,000,000 00	40,923,076 92	662,307 69	» »
	Novembre.	47,000,000 00	41,692,307 69	695,769 23	» »
	Décembre.	48,000,000 00	42,461,538 46	729,230 77	» »
5e ANNÉE.	Janvier.	49,000,000 00	43,153,846 15	680,000 00	» »
	Février.	50,000,000 00	43,846,153 84	630,769 23	» »
	Mars.	51,000,000 00	44,538,461 53	581,538 46	» »
	Avril.	52,000,000 00	45,230,769 23	557,307 69	» »
	Mai.	53,000,000 00	45,923,076 92	533,076 92	» »
	Juin.	54,000,000 00	46,615,384 61	508,846 15	» »
	Juillet.	55,000,000 00	47,307,692 30	509,615 38	» »
	Août.	56,000,000 00	48,000,000 00	510,384 61	» »
	Septembre.	57,000,000 00	48,692,307 69	511,153 85	» »
	Octobre.	58,000,000 00	49,384,615 38	536,923 07	» »
	Novembre.	59,000,000 00	50,076,923 08	562,692 30	» »
	Décembre.	60,000,000 00	50,769,230 77	588,461 53	» »
6e ANNÉE.	Janvier.	61,000,000 00	51,384,615 38	534,615 37	» »
	Février.	62,000,000 00	52,000,000 00	480,769 23	» »
	Mars.	63,000,000 00	52,615,384 61	426,923 07	» »
	Avril.	64,000,000 00	53,230,769 23	398,076 92	» »
	Mai.	65,000,000 00	53,846,153 84	369,230 77	» »
	Juin.	66,000,000 00	54,461,538 46	340,384 61	» »
	Juillet.	67,000,000 00	55,076,923 08	336,538 46	» »
	Août.	68,000,000 00	55,692,307 70	332,692 30	» »
	Septembre.	69,000,000 00	56,307,692 30	328,846 15	» »
	Octobre.	70,000,000 00	56,923,076 92	350,000 00	» »
	Novembre.	71,000,000 00	57,538,461 54	371,153 85	» »
	Décembre.	72,000,000 00	58,153,846 15	392,307 69	» »
7e ANNÉE.	Janvier.	73,000,000 00	58,692,307 69	336,923 08	» »
	Février.	74,000,000 00	59,230,769 23	281,538 46	» »
	Mars.	75,000,000 00	59,769,230 77	226,153 85	» »
	Avril.	76,000,000 00	60,307,692 30	195,769 23	» »
	Mai.	77,000,000 00	60,846,153 84	165,384 61	» »
	Juin.	78,000,000 00	61,384,615 38	135,000 00	» »
	Juillet.	79,000,000 00	61,923,076 92	129,615 38	» »
	Août.	80,000,000 00	62,461,538 46	124.230 76	» »
	Septembre.	81,000,000 00	63,000,000 00	118,846 15	» »
	Octobre.	82,000,000 00	63,538,461 54	128,461 53	» »
	Novembre.	83,000,000 00	64,076,923 08	158,076 92	» »
	Décembre.	84,000,000 00	64,615,384 62	177,692 30	» »

Échéances des annuités à recevoir et des obligations à payer.	Montant des annuités à recevoir.	MONTANT DES OBLIGATIONS À PAYER. Intérêts.	Remboursement de treizième.	TOTAL.	Excédant momentané des annuités.	Insuffisance momentanée des annuités.	Excédant final des annuités ou bénéfices réalisés.
	FR. C.	FR. C.	FR. C.	FR. C.	FR. C.	FR. C.	FR. C.
4e ANNÉE.							
Janvier.. .	300,000 00	110,769 23	230,769 23	341,538 46	» »	41,538 46	» »
Février. .	300,000 00	110,769 23	230,769 23	341,538 46	» »	41,538 46	» »
Mars. . .	300,000 00	110,769 23	230,769 23	341,538 46	» »	41,538 46	» »
Avril. . .	325,000 00	110,769 23	230,769 23	341,538 46	» »	16,538 46	» »
Mai. . . .	325,000 00	110,769 23	230,769 23	341,538 46	» »	16,538 46	» »
Juin.. . .	325,000 00	110,769 23	230,769 23	341,538 46	» »	16,538 46	» »
Juillet. . .	350,000 00	110,769 23	230,769 23	341,538 46	8,461 54	» »	» »
Août. .	350,000 00	110,769 23	230,769 23	341,538 46	8,461 54	» »	» »
Septem. .	350,000 00	110,769 23	230,769 23	341,538 46	8,461 54	» »	» »
Octobre. .	375,000 00	110,769 23	230,769 23	341,538 46	33,461 54	» »	» »
Novem.. .	375,000 00	110,769 23	230,769 23	341,538 46	33,461 54	» »	» »
Décem.. .	375,000 00	110,769 23	230,769 23	341,538 46	33,461 54	» »	» »
5e ANNÉE.							
Janvier. .	400,000 00	141,538 46	307,692 30	449,230 77	» »	49,230 77	» »
Février. .	400,000 00	141,538 46	307,692 30	449,230 77	» »	49,230 77	» »
Mars.. . .	400,000 00	141,538 46	307,692 30	449,230 77	» »	49,230 77	» »
Avril. . .	425,000 00	141,538 46	307,692 30	449,230 77	» »	24,230 77	» »
Mai. . . .	425,000 00	141,538 46	307,692 30	449,230 77	» »	24,230 77	» »
Juin. . . .	425,000 00	141,538 46	307,692 30	449,230 77	» »	24,230 77	» »
Juillet. . .	450,000 00	141,538 46	307,692 30	449,230 77	769 23	» »	» »
Août. . .	450,000 00	141,538 46	307,692 30	449,230 77	769 23	» »	» »
Septem. .	450,000 00	141,538 46	307,692 30	449,230 77	769 24	» »	» »
Octobre. .	475,000 00	141,538 46	307,692 30	449,230 77	25,769 23	» »	» »
Novem. .	475,000 00	141,538 46	307,692 30	449,230 77	25,769 23	» »	» »
Décem. .	475,000 00	141,538 46	307,692 30	449,230 77	25,769 23	» »	» »
6e ANNÉE.							
Janvier. .	500,000 00	169,230 77	384,615 38	553,846 15	» »	53,846 15	» »
Février. .	500,000 00	169,230 77	384,615 38	553,846 15	» »	53,846 15	» »
Mars.. . .	500,000 00	169,230 77	384,615 38	553,846 15	» »	53,846 15	» »
Avril. . .	525,000 00	169,230 77	384,615 38	553,846 15	» »	28,846 15	» »
Mai. . . .	525,000 00	169,230 77	384,615 38	553,846 15	» »	28,846 15	» »
Juin. . . .	525,000 00	169,230 77	384,615 38	553,846 15	» »	28,846 15	» »
Juillet. . .	550,000 00	169,230 77	384,615 38	553,846 15	» »	3,846 15	» »
Août . . .	550,000 00	169,230 77	384,615 38	553,846 15	» »	3,846 15	» »
Septem. .	550,000 00	169,230 77	384,615 38	553,846 15	» »	3,846 15	» »
Octobre. .	575,000 00	169,230 77	384,615 38	553,846 15	21,153 85	» »	» »
Novem.. .	575,000 00	169,230 77	384,615 38	553,846 15	21,153 85	» »	» »
Décem. .	575,000 00	169,230 77	384,615 38	553,846 15	21,153 85	» »	» »
7e ANNÉE.							
Janvier. .	600,000 00	193,846 15	461,538 46	655,384 61	» »	55,384 61	» »
Février. .	600,000 00	193,846 15	461,538 46	655,384 61	» »	55,384 61	» »
Mars.. . .	600,000 00	193,846 15	461,538 46	655,384 61	» »	55,384 61	» »
Avril. . .	625,000 00	193,846 15	461,538 46	655,384 61	» »	30,384 61	» »
Mai. . . .	625,000 00	193,846 15	461,538 46	655,384 61	» »	30,384 61	» »
Juin. . . .	625,000 00	193,846 15	461,538 46	655,384 61	» »	30,384 61	» »
Juillet. . .	650,000 00	193,846 15	461,538 46	655,384 61	» »	5,384 61	» »
Août. . .	650,000 00	193,846 15	461,538 46	655,384 61	» »	5,384 61	» »
Septem. .	650,000 00	193,846 15	461,538 46	655,384 61	» »	5,384 61	» »
Octobre. .	675,000 00	193,846 15	461,538 46	655,384 61	19,615 39	» »	» »
Novem.. .	675,000 00	193,846 15	461,538 46	655,384 61	19,615 39	» »	» »
Décem. .	675,000 00	193,846 15	461,538 46	655,384 61	19,615 39	» »	» »

ÉPOQUES.		OPÉRATIONS ENGAGÉES.				SOMME			
		Principal de la Dette créée par les débiteurs, en annuités; par la Caisse, en obligat.		Montant des obligations en circulation remboursements déduits.		en caisse, provenant de l'excédant des annuités.		à fournir pour suppléer à l'insuffisance des annuités.	
		FR.	C.	FR.	C.	FR.	C.	FR.	C.
8e ANNÉE.	Janvier.	85,000,000	00	65,076,923	08	123,846	15	»	»
	Février.	86.000,000	00	65,538,461	54	70,000	00	»	»
	Mars.	87,000,000	00	66,000,000	00	16,153	85	»	»
	Avril.	88,000,000	00	66,461,538	46	»	»	12,692	32
	Mai.	89,000,000	00	66,923,076	92	»	»	41,538	46
	Juin.	90.000,000	00	67,384,615	38	»	»	70,384	61
	Juillet.	91,000,000	00	67,846,153	84	»	»	74,230	77
	Août.	92,000,000	00	68,307,692	30	»	»	78,076	92
	Septembre.	93,000,000	00	68,769,230	76	»	»	81,923	07
	Octobre.	94,000,000	00	69,230,769	23	»	»	60,769	23
	Novembre.	95,000,000	00	69,692,307	69	»	»	39,615	38
	Décembre.	96,000,000	00	70,153,846	15	»	»	18,461	52
9e ANNÉE.	Janvier.	97,000,000	00	70,538,461	53	»	»	67,692	30
	Février.	98,000,000	00	70,923,076	92	»	»	116,923	08
	Mars.	99,000,000	00	71,307,692	31	»	»	166,153	85
	Avril.	100,000,000	00	71,692,307	70	»	»	190,384	61
	Mai.	101,000,000	00	72,076,923	08	»	»	214,615	38
	Juin.	102,000,000	00	72,461,538	46	»	»	238,446	15
	Juillet.	103,000,000	00	72,846,153	84	»	»	238,076	92
	Août.	104,000,000	00	73,230,769	23	»	»	237,307	69
	Septembre.	105,000,000	00	73,615,384	61	»	»	236,538	46
	Octobre.	106,000,000	00	74,000.000	00	»	»	210,769	23
	Novembre.	107,000,000	00	74,384,615	39	»	»	185,000	00
	Décembre.	108,000,000	00	74,769,230	76	»	»	159,230	77
10e ANNÉE.	Janvier.	109,000,000	00	75,076,923	08	»	»	200,769	23
	Février.	110,000,000	00	75,384,615	38	»	»	242,307	69
	Mars.	111,000,000	00	75,692,307	69	»	»	283,846	15
	Avril.	112,000,000	00	76,000,000	00	»	»	300,384	61
	Mai.	113,000,000	00	76,307,692	30	»	»	316,923	08
	Juin.	114,000,000	00	76,615,384	62	»	»	333,461	53
	Juillet.	115,000,000	00	76,923,076	92	»	»	325,000	00
	Août.	116,000,000	00	77,230,769	23	»	»	316,538	46
	Septembre.	117,000,000	00	77,538,461	54	»	»	308,076	92
	Octobre.	118,000,000	00	77,846,153	84	»	»	274,615	38
	Novembre.	119,000,000	00	78,153,846	15	»	»	241,153	84
	Décembre.	120,000,000	00	78,461,538	46	»	»	207,692	38
11e ANNÉE.	Janvier.	121,000,000	00	78,692,307	70	»	»	238,461	53
	Février.	122,000,000	00	78,923,076	94	»	»	269,230	77
	Mars.	123,000,000	00	79,153,846	15	»	»	300,000	00
	Avril.	124,000,000	00	79,384,615	38	»	»	305,769	23
	Mai.	125,000,000	00	79,615,384	61	»	»	311,538	46
	Juin.	126,000,000	00	79,846,153	84	»	»	317,307	69
	Juillet.	127,000,000	00	80,076,923	08	»	»	298,076	92
	Août.	128,000,000	00	80,307,692	30	»	»	278,846	15
	Septembre.	129,000,000	00	80,538,461	54	»	»	259,615	38
	Octobre.	130,000,000	00	80,769,230	77	»	»	215,384	61
	Novembre.	131,000,000	00	81,000,000	00	»	»	171,153	84
	Décembre.	132,000,000	00	81,230,769	23	»	»	126,923	07

	Échéances des annuités à recevoir et des obligations à payer.	Montant des annuités à recevoir.	MONTANT DES OBLIGATIONS A PAYER.			Excédant momentané des annuités.	Insuffisance momentanée des annuités.	Excédant final des annuités ou bénéfices réalisés.
			Intérêts.	Remboursement de treizième.	TOTAL.			
		FR. C.	FR. C.	FR. C.	FR. C.	FR. C.	FR. C.	FR. C.
8e ANNÉE.	Janvier.. .	700,000 00	215,384 61	538,461 53	753,846 15	» »	53,846 15	» »
	Février. .	700,000 00	215,384 61	538,461 53	753,846 15	» »	53,846 15	» »
	Mars. . .	700,000 00	215,384 61	538,461 53	753,846 15	» »	53,846 15	» »
	Avril. . .	725,000 00	215,384 61	538,461 53	753,846 15	» »	28,846 15	» »
	Mai. . . .	725,000 00	215,384 61	538,461 53	753,846 15	» »	28,846 15	» »
	Juin.. . .	725,000 00	215,384 61	538,461 53	753,846 15	» »	28,846 15	» »
	Juillet. . .	750,000 00	215,384 61	538,461 53	753,846 15	» »	3,846 15	» »
	Août. . .	750,000 00	215,384 61	538,461 53	753,846 15	» »	3,846 15	» »
	Septem. .	750,000 00	215,384 61	538,461 53	753,846 15	» »	3,846 15	» »
	Octobre. .	775,000 00	215,384 61	538,461 53	753,846 15	21,153 85	» »	» »
	Novem.. .	775,000 00	215,384 61	538,461 53	753,846 15	21,153 85	» »	» »
	Décem.. .	775,000 00	215,384 61	538,461 53	753,846 15	21,153 85	» »	» »
9e ANNÉE.	Janvier. .	800,000 00	233,846 15	615,384 61	849,230 77	» »	49,230 77	» »
	Février. .	800,000 00	233,846 15	615,384 61	849,230 77	» »	49,230 77	» »
	Mars.. . .	800,000 00	233,846 15	615,384 61	849,230 77	» »	49,230 77	» »
	Avril. . .	825,000 00	233,846 15	615,384 61	849,230 77	» »	24,230 77	» »
	Mai. . . .	825,000 00	233,846 15	615,384 61	849,230 77	» »	24,230 77	» »
	Juin. . . .	825,000 00	233,846 15	615,384 61	849,230 77	» »	24,230 77	» »
	Juillet. . .	850,000 00	233,846 15	615,384 61	849,230 77	769 23	» »	» »
	Août. . .	850,000 00	233,846 15	615,384 61	849,230 77	769 23	» »	» »
	Septem. .	850,000 00	233,846 15	615,384 61	849,230 77	769 24	» »	» »
	Octobre. .	875,000 00	233,846 15	615,384 15	849,230 77	25,769 23	» »	» »
	Novem. .	875,000 00	233,846 15	615,384 15	849,230 77	25,769 23	» »	» »
	Décem. .	875,000 00	233,846 15	615,384 15	849,230 77	25,769 23	» »	» »
10e ANNÉE.	Janvier. .	900,000 00	249,230 77	692,307 69	941,538 46	» »	41,538 46	» »
	Février. .	900,000 00	249,230 77	692,307 69	941,538 46	» »	41,538 46	» »
	Mars.. . .	900,000 00	249,230 77	692,307 69	941,538 46	» »	41,538 46	» »
	Avril. . .	925,000 00	249,230 77	692,307 69	941,538 46	» »	16,538 46	» »
	Mai. . . .	925,000 00	249,230 77	692,307 69	941,538 46	» »	16,538 46	» »
	Juin. . . .	925,000 00	249,230 77	692,307 69	941,538 46	» »	16,538 46	» »
	Juillet. . .	950,000 00	249,230 77	692,307 69	941,538 46	8,461 54	» »	» »
	Août . . .	950,000 00	249,230 77	692,307 69	941,538 46	8,461 54	» »	» »
	Septem. .	950,000 00	249,230 77	692,307 69	941,538 46	8,461 54	» »	» »
	Octobre. .	975,000 00	249,230 77	692,307 69	941,538 46	33,461 54	» »	» »
	Novem.. .	975,000 00	249,230 77	692,307 69	941,538 46	33,461 54	» »	» »
	Décem. .	975,000 00	249,230 77	692,307 69	941,538 46	33,461 54	» »	» »
11e ANNÉE.	Janvier. .	1,000,000 00	261,538 46	769,230 77	1,030,769 23	» »	30,769 23	» »
	Février. .	1,000,000 00	261,538 46	769,230 77	1,030,769 23	» »	30,769 23	» »
	Mars.. . .	1,000,000 00	261,538 46	769,230 77	1,030,769 23	» »	30,769 23	» »
	Avril. . .	1,025,000 00	261,538 46	769,230 77	1,030,769 23	» »	5,769 23	» »
	Mai. . . .	1,025,000 00	261,538 46	769,230 77	1,030,769 23	» »	5,769 23	» »
	Juin. . . .	1,025,000 00	261,538 46	769,230 77	1,030,769 23	» »	5,769 23	» »
	Juillet. . .	1,050,000 00	261,538 46	769,230 77	1,030,769 23	19,230 77	» »	» »
	Août. . .	1,050,000 00	261,538 46	769,230 77	1,030,769 23	19,230 77	» »	» »
	Septem. .	1,050,000 00	261,538 46	769,230 77	1,030,769 23	19,230 77	» »	» »
	Octobre. .	1,075,000 00	261,538 46	769,230 77	1,030,769 23	44,230 77	» »	» »
	Novem.. .	1,075,000 00	261,538 46	769,230 77	1,030,769 23	44,230 77	» »	» »
	Décem. .	1,075,000 00	261,538 46	769,230 77	1,030,769 23	44,230 77	» »	» »

ÉPOQUES.		OPÉRATIONS ENGAGÉES. Principal de la Dette créée par les débiteurs, en annuités; par la Caisse, en obligat.	OPÉRATIONS ENGAGÉES. Montant des obligations en circulation remboursements déduits.	SOMME en caisse, provenant de l'excédant des annuités.	SOMME à fournir pour suppléer à l'insuffisance des annuités.
		FR. C.	FR. C.	FR. C.	FR. C.
12e ANNÉE.	Janvier	133,000,000 00	81,384,615 38	» »	413,846 15
	Février	134,000,000 00	81,538,461 53	» »	160,769 23
	Mars	135,000,000 00	81,692,307 69	» »	177,692 30
	Avril	136,000,000 00	81,846,153 84	» »	169,615 38
	Mai	137,000,000 00	82,000,000 00	» »	161,538 46
	Juin	138,000,000 00	82,153,846 15	» »	153,461 53
	Juillet	139,000,000 00	82,307,692 30	» »	120,384 61
	Août	140,000,000 00	82,461,538 46	» »	87,307 69
	Septembre	141,000,000 00	82,615,384 61	» »	54,230 76
	Octobre	142,000,000 00	82,769,230 77	3,846 15	» »
	Novembre	143,000,000 00	82,923,076 92	61,923 08	» »
	Décembre	144,000,000 00	83,076,923 08	120,000 00	» »
13e ANNÉE.	Janvier	145,000,000 00	83,153,846 15	120,000 00	» »
	Février	146,000,000 00	83,230,769 23	120,000 00	» »
	Mars	147,000,000 00	83,307,692 30	120,000 00	» »
	Avril	148,000,000 00	83,384,615 38	145,000 00	» »
	Mai	149,000,000 00	83,461,538 46	170,000 00	» »
	Juin	150,000,000 00	83,538,461 53	195,000 00	» »
	Juillet	151,000,000 00	83,615,384 61	245,000 00	» »
	Août	152,000,000 00	83,692,307 69	295,000 00	» »
	Septembre	153,000,000 00	83,769,230 77	345,000 00	» »
	Octobre	154,000,000 00	83,846,153 85	420,000 00	» »
	Novembre	155,000,000 00	83,923,076 92	495,000 00	» »
	Décembre	156,000,000 00	84,000,000 00	570,000 00	» »
14e ANNÉE.	Janvier	» »	83,000,000 00	570,000 00	» »
	Février	» »	82,000,000 00	570,000 00	» »
	Mars	» »	81,000,000 00	570,000 00	» »
	Avril	» »	80,000,000 00	546,000 00	» »
	Mai	» »	79,000,000 00	520,000 00	» »
	Juin	» »	78,000,000 00	495,000 00	» »
	Juillet	» »	77,000,000 00	445,000 00	» »
	Août	» »	76,000,000 00	395,000 00	» »
	Septembre	» »	75,000,000 00	345,000 00	» »
	Octobre	» »	74,000,000 00	270,000 00	» »
	Novembre	» »	73,000,000 00	195,000 00	» »
	Décembre	» »	72,000,000 00	120,000 00	» »
15e ANNÉE.	Janvier	» »	71,076,923 08	136,923 08	» »
	Février	» »	70,153,846 15	153,846 15	» »
	Mars	» »	69,230,769 23	170,769 23	» »
	Avril	» »	68,307,692 30	162,692 32	» »
	Mai	» »	67,384,615 38	154,615 38	» »
	Juin	» »	66,461,538 46	146,538 46	» »
	Juillet	» »	65,538,461 54	113,461 54	» »
	Août	» »	64,615,384 61	80,384 64	» »
	Septembre	» »	63,692,307 70	47,307 70	» »
	Octobre	» »	62,769,230 77	» »	10,769 23
	Novembre	» »	61,846,153 84	» »	68,846 15
	Décembre	» »	60,923,076 94	» »	126,923 07

Année	Échéances des annuités à recevoir et des obligations à payer.	Montant des annuités à recevoir.	MONTANT DES OBLIGATIONS A PAYER. Intérêts.	Remboursement de treizième.	TOTAL.	Excédant momentané des annuités.	Insuffisance momentanée des annuités.	Excédant final des annuités ou bénéfices réalisés.
		FR. C.	FR. C.	FR. C.	FR. C.	FR. C.	FR. C.	FR. C.
12e ANNÉE.	Janvier. .	1,100,000 00	270,769 23	846,153 85	1,116,923 08	» »	16,923 08	» »
	Février. .	1,100,000 00	270,769 23	846,153 85	1,116,923 08	» »	16,923 08	» »
	Mars. . . .	1,100,000 00	270,769 23	846,153 85	1,116,923 08	» »	16,923 08	» »
	Avril. . .	1,125,000 00	270,769 23	846,153 85	1,116,923 08	8,076 92	» »	» »
	Mai. . . .	1,125,000 00	270,769 23	846,153 85	1,116,923 08	8,076 92	» »	» »
	Juin. . . .	1,125,000 00	270,769 23	846,153 85	1,116,923 08	8,076 92	» »	» »
	Juillet. . .	1,150,000 00	270,769 23	846,153 85	1,116,923 08	33,076 92	» »	» »
	Août. . .	1,150,000 00	270,769 23	846,153 85	1,116,923 08	33,076 92	» »	» »
	Septem. .	1,150,000 00	270,769 23	846,153 85	1,116,923 08	33,076 92	» »	» »
	Octobre. .	1,175,000 00	270,769 23	846,153 85	1,116,923 08	58,076 92	» »	» »
	Novem.. .	1,175,000 00	270,769 23	846,153 85	1,116,923 08	58,076 92	» »	» »
	Décem.. .	1,175,000 00	270,769 23	846,153 85	1,116,923 08	58,076 92	» »	» »
13e ANNÉE.	Janvier. .	1,200,000 00	276,923 08	923,076 92	1,200,000 00	» »	» »	» »
	Février. .	1,200,000 00	276,923 08	923,076 92	1,200,000 00	» »	» »	» »
	Mars. . . .	1,200,000 00	276,923 08	923,076 92	1,200,000 00	» »	» »	» »
	Avril.. . .	1,225,000 00	276.923 08	923,076 92	1,200,000 00	25,000 00	» »	» »
	Mai. . . .	1,225,000 00	276.923 08	923,076 92	1,200,000 00	25,000 00	» »	» »
	Juin. . . .	1,225,000 00	276,923 08	923,076 92	1,200,000 00	25,000 00	» »	» »
	Juillet. . .	1,250,000 00	276,923 08	923,076 92	1,200,000 00	50,000 00	» »	» »
	Août.. . .	1,250,000 00	276,923 08	923,076 92	1,200,000 00	50,000 00	» »	» »
	Septem. .	1,250,000 00	276,923 08	923,076 92	1,200,000 00	50,000 00	» »	» »
	Octobre. .	1,275,000 00	276,923 08	923,076 92	1.200,000 00	75,000 00	» »	» »
	Novem.. .	1,275,000 00	276,923 08	923,076 92	1,200,000 00	75,000 00	» »	» »
	Décem.. .	1,275,000 00	276,923 08	923,076 92	1,200,000 00	75,000 00	» »	» »
14e ANNÉE.	Janvier. .	1,300,000 00	280,000 00	1,000,000 00	1,280,000 00	» »	» »	20,000 00
	Février. .	1,300,000 00	280,000 00	1,000,000 00	1,280,000 00	» »	» »	20,000 00
	Mars.. . .	1,300,000 00	280,000 00	1,000,000 00	1,280,000 00	» »	» »	20,000 00
	Avril.. . .	1,275,000 00	280,000 00	1,000,000 00	1,280,000 00	» »	25,000 00	20,000 00
	Mai. . . .	1,275,000 00	280,000 00	1,000,000 00	1,280,000 00	» »	25,000 00	20,000 00
	Juin.. . .	1,275,000 00	280,000 00	1,000,000 00	1,280,000 00	» »	25,000 00	20,000 00
	Juillet. . .	1,250,000 00	280,000 00	1,000,000 00	1,280,000 00	» »	50,000 00	20,000 00
	Août.. . .	1,250,000 00	280,000 00	1,000,000 00	1,280,000 00	» »	50,000 00	20,000 00
	Septem. .	1,250,000 00	280,000 00	1,000,000 00	1,280,000 00	» »	50,000 00	20,000 00
	Novem.. .	1,225,000 00	280,000 00	1,000,000 00	1,280,000 00	» »	75,000 00	20,000 00
	Décem. .	1,225,000 00	280,000 00	1,000,000 00	1,280,000 00	» »	75,000 00	20,000 00
	Octobre. .	1,225,000 00	280,000 00	1,000,000 00	1,280,000 00	» »	75,000 00	20,000 00
15e ANNÉE.	Janvier. .	1,200,000 00	240,000 00	923,076 92	1,163,076 92	16,923 08	» »	20,000 00
	Février. .	1,200,000 00	240,000 00	923,076 92	1,163,076 92	16,923 08	» »	20,000 00
	Mars.. . .	1,200,000 00	240,000 00	923,076 92	1,163,076 92	16,923 08	» »	20,000 00
	Avril. . .	1,175,000 00	240,000 00	923,076 92	1,163,076 92	» »	8,076 92	20,000 00
	Mai. . . .	1.175,000 00	240,000 00	923,076 92	1,163,076 92	» »	8,076 92	20,000 00
	Juin. . . .	1,175,000 00	240,000 00	923,076 92	1,163,076 92	» »	8,076 92	20,000 00
	Juillet. . .	1,150,000 00	240,000 00	923,076 92	1,163.076 92	» »	33,076 92	20,000 00
	Août.. . .	1,150,000 00	240,000 00	923,076 92	1,163,076 92	» »	33,076 92	20,000 00
	Septembr.	1,150,000 00	240.000 00	923,076 92	1,163,076 92	» »	33,076 92	20,000 00
	Octobre. .	1,125,000 00	240,000 00	923,076 92	1,163,076 92	» »	58,076 92	20,000 00
	Novemb. .	1,125,000 00	240,000 00	923,076 92	1,163,076 92	» »	58,076 92	20,000 00
	Décembre.	1,125,000 00	240,000 00	923,076 92	1,163,076 92	» »	58,076 92	20,000 00

ÉPOQUES.		OPÉRATIONS ENGAGÉES. Principal de la Dette créée par les débiteurs, en annuités; par la Caisse, en obligat.		OPÉRATIONS ENGAGÉES. Montant des obligations en circulation remboursements déduits.		SOMME en caisse, provenant de l'excédant des annuités.		SOMME à fournir pour suppléer à l'insuffisance des annuités.	
		FR.	C.	FR.	C.	FR.	C.	FR.	C.
16e ANNÉE.	Janvier.	»	»	60,076,923	08	»	»	96,153	85
	Février.	»	»	59,230,769	23	»	»	65,384	61
	Mars.	»	»	58,384,615	38	»	»	54.645	38
	Avril.	»	»	57,538,461	53	»	»	28,846	15
	Mai.	»	»	56,692,307	74	»	»	23.076	92
	Juin.	»	»	55,846,153	90	»	»	17,307	68
	Juillet.	»	»	55,000,000	00	»	»	36,538	46
	Août.	»	»	54,153,846	15	»	»	57,769	23
	Septembre.	»	»	53,,307692	32	»	»	75,000	00
	Octobre.	»	»	52,461,538	46	»	»	119,230	77
	Novembre.	»	»	51,615,384	61	»	»	163,461	54
	Décembre.	»	»	50,769,230	77	»	»	207,692	30
17e ANNÉE.	Janvier.	»	»	50,000,000	00	»	»	166,153	84
	Février.	»	»	49,230,769	23	»	»	124,615	38
	Mars.	»	»	48,461,538	46	»	»	83,076	92
	Avril.	»	»	47,692,307	69	»	»	66,153	47
	Mai.	»	»	46,923,076	92	»	»	50,000	00
	Juin.	»	»	46,153,846	15	»	»	33,461	54
	Juillet.	»	»	45,384,615	38	»	»	41,923	08
	Août.	»	»	44,615,384	61	»	»	50,384	61
	Septembre.	»	»	43,856,153	84	»	»	58,846	15
	Octobre.	»	»	42,076,923	07	»	»	92,307	69
	Novembre.	»	»	42,307,692	30	»	»	125,769	23
	Décembre.	»	»	41,538,461	53	»	»	159,230	77
18e ANNÉE.	Janvier.	»	»	40,846,153	84	»	»	110,000	00
	Février.	»	»	40,153,846	15	»	»	60,769	23
	Mars.	»	»	39,461,538	46	»	»	11,538	46
	Avril.	»	»	38,769,230	77	12,692	30	»	»
	Mai.	»	»	38,076,923	08	36,923	08	»	»
	Juin.	»	»	37,384,615	38	61,153	85	»	»
	Juillet.	»	»	36,692,307	69	60,384	61	»	»
	Août.	»	»	36,000,000	00	59,615	38	»	»
	Septembre.	»	»	35,307,692	31	58,846	15	»	»
	Octobre.	»	»	34,615,384	62	33,076	92	»	»
	Novembre.	»	»	33,923,076	92	07,307	75	»	»
	Décembre.	»	»	33,235,769	23	»	»	16,461	54
19e ANNÉE.	Janvier.	»	»	32,615,384	62	35,384	68	»	»
	Février.	»	»	32,000,000	00	89,230	77	»	»
	Mars.	»	»	31,384,615	38	143,076	92	»	»
	Avril.	»	»	30,769,230	77	171,923	08	»	»
	Mai.	»	»	30,153,846	15	200,769	23	»	»
	Juin.	»	»	29,538,461	53	229,615	38	»	»
	Juillet.	»	»	28,923,076	92	333,461	58	»	»
	Août.	»	»	28,307,692	30	237,307	70	»	»
	Septembre.	»	»	27,692,307	69	241,153	84	»	»
	Octobre.	»	»	27,076,923	08	220,000	00	»	»
	Novembre.	»	»	26,461,538	46	198,846	15	»	»
	Décembre.	»	»	25,846,153	84	177,692	30	»	»

Échéances des annuités à recevoir et des obligations à payer.		Montant des annuités à recevoir.	MONTANT DES OBLIGATIONS A PAYER.			Excédant momentané des annuités.	Insuffisance momentanée des annuités.	Excédant final des annuités ou bénéfices réalisés.
			Intérêts.	Remboursement de treizième.	Total.			
		FR. C.	FR. C.	FR. C.	FR. C.	FR. C.	FR. C.	FR. C.
16e ANNÉE.	Janvier..	1,100,000 00	203,076 92	846,153 85	1,049,230 77	30,769 23	» »	20,000 00
	Février.	1,100,000 00	203,076 92	846,153 85	1,049,230 77	30,769 23	» »	20,000 00
	Mars.	1,100,000 00	203,076 92	846,153 85	1,049,230 77	30,769 23	» »	20,000 00
	Avril.	1,075,000 00	203,076 92	846,153 85	1,049,230 77	5,769 23	» »	20,000 00
	Mai.	1,075,000 00	203,076 92	846,153 85	1,049,230 77	5,769 23	» »	20,000 00
	Juin..	1,075,000 00	203,076 92	846,153 85	1,049,230 77	5,769 23	» »	20,000 00
	Juillet.	1,050,000 00	203,076 92	846,153 85	1,049,230 77	» »	19,230 77	20,000 00
	Août.	1,050,000 00	203,076 92	846,153 85	1,049,230 77	» »	19,230 77	20,000 00
	Septem.	1,050,000 00	203,076 92	846,153 85	1,049,230 77	» »	19,230 77	20,000 00
	Octobre.	1,025,000 00	203,076 92	846,153 85	1,049,230 77	» »	44,230 77	20,000 00
	Novem..	1,025,000 00	203,076 92	846,153 85	1,049,230 77	» »	44,230 77	20,000 00
	Décem..	1,025,000 00	203,076 92	846,153 85	1,049,230 77	» »	44,230 77	20,000 00
17e ANNÉE.	Janvier.	1,000,000 00	169,230 77	769,230 77	938,461 54	41,538 46	» »	20,000 00
	Février.	1,000,000 00	169,230 77	769,230 77	938,461 54	41,538 46	» »	20,000 00
	Mars..	1,000,000 00	169,230 77	769,230 77	938,461 54	41,538 46	» »	20,000 00
	Avril.	975,000 00	169,230 77	769,230 77	938,461 54	16,538 46	» »	20,000 00
	Mai.	975,000 00	169,230 77	769,230 77	938,461 54	16,538 46	» »	20,000 00
	Juin.	975,000 00	169,230 77	769,230 77	938,461 54	16,538 46	» »	20,000 00
	Juillet.	950,000 00	169,230 77	769,230 77	938,461 54	» »	8,461 54	20,000 00
	Août.	950,000 00	169,230 77	769,230 77	938,461 54	» »	8,461 54	20,000 00
	Septem.	950,000 00	169,230 77	769,230 77	938,461 54	» »	8,461 54	20,000 00
	Octobre.	925,000 00	169,230 77	769,230 77	938,461 54	» »	33,461 54	20,000 00
	Novem.	925,000 00	169,230 77	769,230 77	938,461 54	» »	33,461 54	20,000 00
	Décem.	925,000 00	169,230 77	769,230 77	938,461 54	» »	33,461 54	20,000 00
18e ANNÉE.	Janvier.	900,000 00	138,461 54	692,307 69	830,769 23	49,230 77	» »	20,000 00
	Février.	900,000 00	138,461 54	692,307 69	830,769 23	49,230 77	» »	20,000 00
	Mars..	900,000 00	138,461 54	692,307 69	830,769 23	49,230 77	» »	20,000 00
	Avril.	875,000 00	138,461 54	692,307 69	830,769 23	24,230 77	» »	20,000 00
	Mai.	875,000 00	138,461 54	692,307 69	830,769 23	24,230 77	» »	20,000 00
	Juin.	875,000 00	138,461 54	692,307 69	830,769 23	24,230 77	» »	20,000 00
	Juillet.	850,000 00	138,461 54	692,307 69	830,769 23	» »	769 23	20,000 00
	Août.	850,000 00	138,461 54	692,307 69	830,769 23	» »	769 23	20,000 00
	Septem.	650,000 00	138,461 54	692,307 69	830,769 23	» »	769 24	20,000 00
	Octobre.	825,000 00	138,461 54	692,307 69	830,769 23	» »	25,769 23	20,000 00
	Novem..	825,000 00	133,461 54	692,307 69	830,769 23	» »	25,769 23	20,000 00
	Décem.	825,000 00	138,461 54	692,307 69	830,769 23	» »	25,769 23	20,000 00
19e ANNÉE.	Janvier.	800,000 00	110,769 23	615,384 61	726,153 84	53,846 15	» »	20,000 00
	Février.	800,000 00	110,769 23	615,384 61	726,153 84	53,846 15	» »	20,000 00
	Mars..	800,000 00	110,769 23	615,384 61	726,153 84	53,846 15	» »	20,000 00
	Avril.	775,000 00	110,769 23	615,384 61	726,153 84	28,846 15	» »	20,000 00
	Mai.	775,000 00	110,769 23	615,384 61	726,153 84	28,846 15	» »	20,000 00
	Juin.	775,000 00	110,769 23	615,384 61	726,153 84	28,846 15	» »	20,000 00
	Juillet.	750,000 00	110,769 23	615,384 61	726,153 84	3,846 15	» »	20,000 00
	Août.	750,000 00	110,769 23	615,384 61	726,153 84	3,846 15	» »	20,000 00
	Septem.	750,000 00	110,769 23	615,384 61	726,153 84	3,846 15	» »	20,000 00
	Octobre.	725,000 00	110,769 23	615,384 61	726,153 84	» »	21,153 85	20,000 00
	Novem..	725,000 00	110,769 23	615,384 61	726,153 84	» »	21,153 85	20,000 00
	Décem.	725,000 00	110,769 23	615,384 61	726,153 84	» »	21,153 85	20,000 00

ÉPOQUES.		OPÉRATIONS ENGAGÉES.		SOMME	
		Principal de la Dette créée par les débiteurs, en annuités; par la Caisse, en obligat^{s}.	Montant des obligations en circulation remboursements déduits.	en caisse, provenant de l'excédant des annuités.	à fournir pour suppléer à l'insuffisance des annuités.
		FR. C.	FR. C.	FR. C.	FR. C.
20ᵉ ANNÉE.	Janvier.	» »	25,307,692 30	238,076 82	» »
	Février.	» »	24,769,230 67	288,461 54	» »
	Mars.	» »	24,230,769 23	343,846 15	» »
	Avril.	» »	23,692,307 69	374,230 76	» »
	Mai.	» »	23,153,846 15	404,615 38	» »
	Juin.	» »	22,615,384 61	435,000 00	» »
	Juillet.	» »	22,076,923 06	440,384 61	» »
	Août.	» »	21,538,461 53	445,769 23	» »
	Septembre.	» »	21,000,000 00	451,153 84	» »
	Octobre.	» »	20,461,538 46	421,538 46	» »
	Novembre.	» »	19,923,076 92	411,923 08	» »
	Décembre.	» »	19,384,615 38	392,307 69	» »
21ᵉ ANNÉE.	Janvier.	» »	18,923,076 92	446,153 84	» »
	Février.	» »	18,461,538 46	500,000 00	» »
	Mars.	» »	18,000,000 00	553,846 15	» »
	Avril.	» »	17,538,461 54	582,692 30	» »
	Mai.	» »	17,076,923 08	611,538 46	» »
	Juin.	» »	16,615,384 62	640,384 61	» »
	Juillet.	» »	16,153,846 15	644,230 76	» »
	Août.	» »	15,692,307 69	648,076 91	» »
	Septembre.	» »	15,230,769 23	651,923 08	» »
	Octobre.	» »	14,769,230 76	630,769 23	» »
	Novembre.	» »	14,307,692 30	609,615 38	» »
	Décembre.	» »	14,846,153 84	588,461 54	» »
22ᵉ ANNÉE.	Janvier.	» »	13,461,538 46	637,692 30	» »
	Février.	» »	13,076,923 08	686,923 08	» »
	Mars.	» »	12,692,307 69	736,153 86	» »
	Avril.	» »	12,307,692 30	760,384 61	» »
	Mai.	» »	11,923,076 92	784,615 38	» »
	Juin.	» »	11,538,461 54	808,846 15	» »
	Juillet.	» »	11,153,846 15	808,076 92	» »
	Août.	» »	10,769,330 77	807,307 69	» »
	Septembre.	» »	10,384,615 38	806,538 46	» »
	Octobre.	» »	10,000,000 00	780,769 23	» »
	Novembre.	» »	9,615,384 61	755,000 00	» »
	Décembre.	» »	9,230,769 23	729,230 77	» »
23ᵉ ANNÉE.	Janvier.	» »	8,923,076 92	770,769 23	» »
	Février.	» »	8,615,384 61	842,307 70	» »
	Mars.	» »	8,307,692 30	853,846 15	» »
	Avril.	» »	8,000,000 00	870,384 61	» »
	Mai.	» »	7,692,307 69	886,923 07	» »
	Juin.	» »	7,384,615 38	903,461 54	» »
	Juillet.	» »	7,076,923 08	895,000 00	» »
	Août.	» »	6,769,230 77	886,538 46	» »
	Septembre.	» »	6,461,538 46	878,076 92	» »
	Octobre.	» »	6,153,846 15	844,615 38	» »
	Novembre.	» »	5,846,153 84	811,153 84	» »
	Décembre.	» »	5,538,461 53	777,692 30	» »

	Échéances des annuités à recevoir et des obligations à payer.	Montant des annuités à recevoir.	MONTANT DES OBLIGATIONS À PAYER. Intérêts.	Remboursement de treizième.	TOTAL.	Excédant momentané des annuités.	Insuffisance momentanée des annuités.	Excédant final des annuités ou bénéfices réalisés.
		FR. C.	FR. C.	FR. C.	FR. C.	FR. C.	FR. C.	FR. C.
20e ANNÉE.	Janvier. .	700,000 00	86,153 84	538,461 54	624,615 38	55,384 61	» »	20,000 00
	Février. .	700,000 00	86,153 84	538,461 54	624,615 38	55,384 61	» »	20,000 00
	Mars. . . .	700,000 00	86,153 84	538,461 54	624,615 38	55,384 61	» »	20,000 00
	Avril. . .	675,000 00	86,153 84	538,461 54	624,615 38	30,384 61	» »	20,000 00
	Mai. . . .	675,000 00	86,153 84	538,461 54	624,615 38	30,384 61	» »	20,000 00
	Juin. . . .	675,000 00	86,153 84	538,461 54	624,615 38	30,384 61	» »	20,000 00
	Juillet. . .	650,000 00	86,153 84	538,461 54	624,615 38	5,384 61	» »	20,000 00
	Août. . . .	650,000 00	86,153 84	538,461 54	624,615 38	5,384 61	» »	20,000 00
	Septem. .	650,000 00	86,153 84	538.461 54	624,615 38	5,384 61	» »	20,000 00
	Octobre. .	625,000 00	86,153 84	538,461 54	624,615 38	» »	19,615 38	20,000 00
	Novem. . .	625,000 00	86,153 84	538,461 54	624,615 38	» »	19,615 38	20,000 00
	Décem. . .	625,000 00	86,153 84	538,461 54	624,615 38	» »	19,615 38	20,000 00
21e ANNÉE.	Janvier. .	600,000 00	64,615 38	461,538 46	526,153 84	53,846 15	» »	20,000 00
	Février. .	600,000 00	64,615 38	461,538 46	526,153 84	53,846 15	» »	20,000 00
	Mars. . . .	600,000 00	64,615 38	461,538 46	526,153 84	53,846 15	» »	20,000 00
	Avril. . .	575,000 00	64,615 38	461,538 46	526,153 84	28,846 15	» »	20,000 00
	Mai. . . .	575,000 00	64,615 38	461,538 46	526,153 84	28,846 15	» »	20,000 00
	Juin. . . .	575,000 00	64,615 38	461,538 46	526,153 84	28,846 15	» »	20,000 00
	Juillet. . .	550,000 00	64,615 38	461,538 46	526,153 84	3,846 15	» »	20,000 00
	Août. . .	550,000 00	64.615 38	461,538 46	526,153 84	3,846 15	» »	20,000 00
	Septem. .	550,000 00	64,615 38	461,538 46	526,153 84	3,846 15	» »	20,000 00
	Octobre. .	525,000 00	64,615 38	461,538 46	526,153 84	» »	21,153 85	20,000 00
	Novem. . .	525,000 00	64,615 38	461,538 46	526,153 84	» »	21,153 85	20,000 00
	Décem. . .	525,000 00	64,615 38	464,538 46	526,153 84	» »	21,153 85	20,000 00
22e ANNÉE.	Janvier. .	500,000 00	46,153 84	384,615 38	430,769 23	49,230 77	» »	20,000 00
	Février. .	500,000 00	46,153 84	384,615 38	430,769 23	49,230 77	» »	20,000 00
	Mars. . .	500,000 00	46,153 84	384,615 38	430,769 23	49,230 77	» »	20,000 00
	Avril. . .	475,000 00	46,153 84	384,615 38	430,769 23	24,230 77	» »	20,000 00
	Mai. . . .	475,000 00	46,153 84	384,615 38	430,769 23	24,230 77	» »	20,000 00
	Juin. . . .	475,000 00	46,153 84	384,615 38	430,769 23	24,230 77	» »	20,000 00
	Juillet. . .	450,000 00	46,153 84	384,615 38	430,769 23	» »	769 23	20,000 00
	Août. . . .	450,000 00	46,153 84	384,615 38	430,769 23	» »	769 23	20,000 00
	Septem. .	450,000 00	46,153 84	384,615 38	430,769 23	» »	769 23	20,000 00
	Novem. . .	425,000 00	46,153 84	384,615 38	430,769 23	» »	25,769 23	20,000 00
	Décem. .	425,000 00	46,153 84	384,615 38	430,769 23	» »	25,769 23	20,000 00
	Octobre. .	425,000 00	46,153 84	384,615 38	430,769 23	» »	25,769 23	20,000 00
23e ANNÉE.	Janvier. .	400,000 00	30,769 23	307,692 32	338,461 54	41,538 46	» »	20,000 00
	Février. .	400,000 00	30,769 23	307,692 32	338,461 54	41,538 46	» »	20,000 00
	Mars. . . .	400,000 00	30,769 23	307,692 32	338,461 54	41,538 46	» »	20,000 00
	Avril. . .	375,000 00	30,769 23	307,692 32	338,461 54	16,538 46	» »	20,000 00
	Mai. . . .	375,000 00	30,769 23	307,692 32	338,461 54	16,538 46	» »	20,000 00
	Juin. . . .	375,000 00	30,769 23	307,692 32	338,461 54	16,538 46	» »	20,000 00
	Juillet. . .	350,000 00	30,769 23	307,692 32	338,461 54	» »	8,461 54	20,000 00
	Août. . . .	350,000 00	30,769 23	307,692 32	338,461 54	» »	8,461 54	20,000 00
	Septembr.	350,000 00	30,769 23	307,692 32	338,461 54	» »	8,461 54	20,000 00
	Octobre. .	325,000 00	30,769 23	307,692 32	338,461 54	» »	33,461 54	20,000 00
	Novemb. .	325,000 00	30,769 23	307,692 32	338,461 54	» »	33,461 54	20,000 00
	Décembre.	325,000 00	30,769 23	307,692 32	338,461 54	» »	33,461 54	20,000 00

ÉPOQUES.		OPÉRATIONS ENGAGÉES.		SOMME	
		Principal de la Dette créée par les débiteurs, en annuités; par la Caisse, en obligat.	Montant des obligations en circulation remboursements déduits.	en caisse, provenant de l'excédant des annuités.	à fournir pour suppléer à l'insuffisance des annuités.
		FR. C.	FR. C.	FR. C.	FR. C.
24e ANNÉE.	Janvier.	» »	5,307,692 30	808,461 53	» »
	Février.	» »	5,076,923 07	839,230 76	» »
	Mars.	» »	4,846,153 84	870,000 00	» »
	Avril.	» »	4,615,384 61	875,769 23	» »
	Mai.	» »	4,384,615 38	881,538 46	» »
	Juin.	» »	4,153,846 15	887,307 69	» »
	Juillet.	» »	3,923,076 92	868,076 92	» »
	Août.	» »	3,692,307 69	848,846 15	» »
	Septembre.	» »	3,461,538 46	829,615 38	» »
	Octobre.	» »	3,230,769 23	785,384 61	» »
	Novembre.	» »	3,000,000 00	741,153 84	» »
	Décembre.	» »	2,769,230 77	696,923 08	» »
25e ANNÉE.	Janvier.	» »	2,615,384 61	713,846 15	» »
	Février.	» »	2,461,538 46	730,769 23	» »
	Mars.	» »	2,307,692 30	747,692 31	» »
	Avril.	» »	2,153,846 15	739,615 38	» »
	Mai.	» »	2,000,000 00	731,538 46	» »
	Juin.	» »	1,846,153 84	723,461 54	» »
	Juillet.	» »	1,692,307 69	690,384 61	» »
	Août.	» »	1,538,461 53	657,307 70	» »
	Septembre.	» »	1,384,615 38	624,230 76	» »
	Octobre.	» »	1,230,769 23	566,153 84	» »
	Novembre.	» »	1,076,923 08	508,076 92	» »
	Décembre.	» »	923,076 92	450,000 00	» »
26e ANNÉE.	Janvier.	» »	846,153 84	450,000 00	» »
	Février.	» »	769,230 77	450,000 00	» »
	Mars.	» »	692,307 69	450,000 00	» »
	Avril.	» »	615,384 61	425,000 00	» »
	Mai.	» »	538,461 53	400,000 00	» »
	Juin.	» »	461,538 46	375,000 00	» »
	Juillet.	» »	384,615 38	325,000 00	» »
	Août.	» »	307,692 30	275,000 00	» »
	Septembre.	» »	230,769 23	225,000 00	» »
	Octobre.	» »	153,846 15	150,000 00	» »
	Novembre.	» »	76,923 08	75,000 00	» »
	Décembre.	» »	00,000 00	00,000 00	» »

Année	Échéances des annuités à recevoir et des obligations à payer.	Montant des annuités à recevoir.	MONTANT DES OBLIGATIONS A PAYER. Intérêts.	Remboursement de treizième.	TOTAL.	Excédant momentané des annuités.	Insuffisance momentanée des annuités.	Excédant final des annuités ou bénéfices réalisés.
		FR. C.	FR. C.	FR. C.	FR. C.	FR. C.	FR. C.	FR. C.
24e ANNÉE.	Janvier. .	300,000 00	18,461 54	230,769 23	249,230 77	30,769 23	» »	20,000 00
	Février. .	300,000 00	18,461 54	230,769 23	249,230 77	30,769 23	» »	20,000 00
	Mars. . . .	300,000 00	18,461 54	230,769 23	249,230 77	30,769 23	» »	20,000 00
	Avril. . .	275,000 00	18,461 54	230,769 23	249,230 77	5,769 23	» »	20,000 00
	Mai. . . .	275,000 00	18,461 54	230,769 23	249,230 77	5,769 23	» »	20,000 00
	Juin. . . .	275,000 00	18,461 54	230,769 23	249,230 77	5,769 23	» »	20,000 00
	Juillet. . .	250,000 00	18,461 54	230,769 23	249,230 77	» »	19,230 77	20,000 00
	Août. . .	250,000 00	18,461 54	230,769 23	249,230 77	» »	19,230 77	20,000 00
	Septem. .	250,000 00	18,461 54	230,769 23	249,230 77	» »	19,230 77	20,000 00
	Octobre. .	225,000 00	18,461 54	230,769 23	249,230 77	» »	44,230 77	20,000 00
	Novem. . .	225,000 00	18,461 54	230,769 23	249,230 77	» »	44,230 77	20,000 00
	Décem. . .	225,000 00	18,461 54	230,769 25	249,230 77	» »	44,230 77	20,000 00
25e ANNÉE.	Janvier. .	200,000 00	9,230 77	153,846 15	163,076 92	16,923 08	» »	20,000 00
	Février. .	200,000 00	9,230 77	153,846 15	163,076 92	16,923 08	» »	20,000 00
	Mars. . . .	200,000 00	9,230 77	153,846 15	163,076 92	16,923 08	» »	20,000 00
	Avril. . .	175,000 00	9,230 77	153,846 15	163,076 92	» »	8,076 92	20,000 00
	Mai. . . .	175,000 00	9,230 77	153,846 15	163,076 92	» »	8,076 92	20,000 00
	Juin. . . .	175,000 00	9,230 77	153,846 15	163,076 92	» »	8,076 92	20,000 00
	Juillet. . .	150,000 00	9,230 77	153,846 15	163,076 92	» »	33,076 92	20,000 00
	Août. . .	150,000 00	9.230 77	153,846 15	163,076 92	» »	33,076 92	20,000 00
	Septem. .	150,000 00	9,230 77	153,846 15	163,076 92	» »	33,076 92	20,000 00
	Octobre. .	125,000 00	9,230 77	153,846 15	163,076 92	» »	58,076 92	20,000 00
	Novem. . .	125,000 00	9,230 77	153,846 15	163,076 92	» »	58,076 92	20,000 00
	Décem. . .	125,000 00	9,230 77	153,846 15	163,076 92	» »	58,076 92	20,000 00
26e ANNÉE.	Janvier. .	100,000 00	3,076 92	76,923 08	80,000 00	» »	» »	20,000 00
	Février. .	100,000 00	3,076 92	76,923 08	80,000 00	» »	» »	20,000 00
	Mars. . .	100,000 00	3,076 92	76,923 08	80,000 00	» »	» »	20,000 00
	Avril. . .	75,000 00	3,076 92	76,923 08	80,000 00	» »	25,000 00	20,000 00
	Mai. . . .	75,000 00	3,076 92	76,923 08	80,000 00	» »	25,000 00	20,000 00
	Juin. . . .	75,000 00	3,076 92	76,923 08	80,000 00	» »	25,000 00	20,000 00
	Juillet. . .	50,000 00	3,076 92	76,923 08	80,000 00	» »	50,000 00	20,000 00
	Août. . . .	50,000 00	3,076 92	76,923 08	80,000 00	» »	50,000 00	20,000 00
	Septem. .	50,000 00	3,076 92	76,923 08	80,000 00	» »	50,000 00	20,000 00
	Novem. . .	25,000 00	3,076 92	76,923 08	80,000 00	» »	75,000 00	20,000 00
	Décem. .	25,000 00	3,076 92	76,923 08	80,000 00	» »	75,000 00	20,000 00
	Octobre. .	25,000 00	3,076 92	76,923 08	80,000 00	» »	75,000 00	20,000 00

16

N° 2.

LIBÉRATION ANTICIPÉE DES DÉBITEURS.

CAISSE IMMOBILIÈRE.

Tableau indicatif de la somme à payer pour éteindre une annuité non échue, ou Échelle proportionnelle de sa valeur, basée sur le terme plus ou moins éloigné de son échéance.

Numéros d'ordre des annuités.	DÉLAI ANTICIPÉ PAR LES DÉBITEURS, SUR LE TERME D'ÉCHÉANCE DES ANNUITÉS RESTANT A COURIR AU JOUR DU PAIEMENT.	Somme à payer pour l'extinction de chaque annuité, de 2 f. 50 c. pour °/₀. FR. C.
52	Pour une annuité ayant encore. . . . . 13 ans. . . . . . à courir. .	1 48,0 mill.
51	Pour une annuité ayant encore. . . . . 12 ans 9 mois. . . . à courir. .	1 49,4
50	Pour une annuité ayant encore. . . . . 12 ans 6 mois. . . . à courir. .	1 50,9
49	Pour une annuité ayant encore. . . . . 12 ans 3 mois. . . . à courir. .	1 52,4
48	Pour une annuité ayant encore. . . . . 12 ans. . . . . . à courir. .	1 54,0
47	Pour une annuité ayant encore. . . . . 11 ans 9 mois. . . . à courir. .	1 55,5
46	Pour une annuité ayant encore. . . . . 11 ans 6 mois. . . . à courir. .	1 57,1
45	Pour une annuité ayant encore. . . . . 11 ans 3 mois. . . . à courir. .	1 58,6
44	Pour une annuité ayant encore. . . . . 11 ans. . . . . . à courir. .	1 60,2
43	Pour une annuité ayant encore. . . . . 10 ans 9 mois. . . . à courir. .	1 61,8
42	Pour une annuité ayant encore. . . . . 10 ans 6 mois. . . . à courir. .	1 63,4
41	Pour une annuité ayant encore. . . . . 10 ans 3 mois. . . . à courir. .	1 65,0
40	Pour une annuité ayant encore. . . . . 10 ans. . . . . . à courir. .	1 66,7
39	Pour une annuité ayant encore. . . . . 9 ans 9 mois. . . . à courir. .	1 68,0
38	Pour une annuité ayant encore. . . . . 9 ans 6 mois. . . . à courir. .	1 70,0
37	Pour une annuité ayant encore. . . . . 9 ans 3 mois. . . . à courir. .	1 71,8
36	Pour une annuité ayant encore. . . . . 9 ans. . . . . . à courir. .	1 73,5
35	Pour une annuité ayant encore. . . . . 8 ans 9 mois. . . . à courir. .	1 75,2
34	Pour une annuité ayant encore. . . . . 8 ans 6 mois. . . . à courir. .	1 77,0
33	Pour une annuité ayant encore. . . . . 8 ans 3 mois. . . . à courir. .	1 78,7
32	Pour une annuité ayant encore. . . . . 8 ans. . . . . . à courir. .	1 80,5
31	Pour une annuité ayant encore. . . . . 7 ans 9 mois. . . . à courir. .	1 82,3
30	Pour une annuité ayant encore. . . . . 7 ans 6 mois. . . . à courir. .	1 84,1
29	Pour une annuité ayant encore. . . . . 7 ans 3 mois. . . . à courir. .	1 86,0
28	Pour une annuité ayant encore. . . . . 7 ans. . . . . . à courir. .	1 87,8
27	Pour une annuité ayant encore. . . . . 6 ans 9 mois. . . . à courir. .	1 89,7
26	Pour une annuité ayant encore. . . . . 6 ans 6 mois. . . . à courir. .	1 91,6
25	Pour une annuité ayant encore. . . . . 6 ans 3 mois. . . . à courir. .	1 93,5
24	Pour une annuité ayant encore. . . . . 6 ans. . . . . . à courir. .	1 95,5
23	Pour une annuité ayant encore. . . . . 5 ans 9 mois. . . . à courir. .	1 97,4
22	Pour une annuité ayant encore. . . . . 5 ans 6 mois. . . . à courir. .	1 99,4
21	Pour une annuité ayant encore. . . . . 5 ans 3 mois. . . . à courir. .	2 01,4
20	Pour une annuité ayant encore. . . . . 5 ans. . . . . . à courir. .	2 03,4
19	Pour une annuité ayant encore. . . . . 4 ans 9 mois. . . . à courir. .	2 05,4
18	Pour une annuité ayant encore. . . . . 4 ans 6 mois. . . . à courir. .	2 07,5
17	Pour une annuité ayant encore. . . . . 4 ans 3 mois. . . . à courir. .	2 09,6
16	Pour une annuité ayant encore. . . . . 4 ans. . . . . . à courir. .	2 11,7
15	Pour une annuité ayant encore. . . . . 3 ans 9 mois. . . . à courir. .	2 13,8
14	Pour une annuité ayant encore. . . . . 3 ans 6 mois. . . . à courir. .	2 15,9
13	Pour une annuité ayant encore. . . . . 3 ans 3 mois. . . . à courir. .	2 18,1
12	Pour une annuité ayant encore. . . . . 3 ans. . . . . . à courir. .	2 20,2
11	Pour une annuité ayant encore. . . . . 2 ans 9 mois. . . . à courir. .	2 22,5
10	Pour une annuité ayant encore. . . . . 2 ans 6 mois. . . . à courir. .	2 24,7
9	Pour une annuité ayant encore. . . . . 2 ans 3 mois. . . . à courir. .	2 26,9
8	Pour une annuité ayant encore. . . . . 2 ans. . . . . . à courir. .	2 29,2
7	Pour une annuité ayant encore. . . . . 1 an 9 mois. . . . à courir. .	2 31,5
6	Pour une annuité ayant encore. . . . . 1 an 6 mois. . . . à courir. .	2 33,8
5	Pour une annuité ayant encore. . . . . 1 an 3 mois. . . . à courir. .	2 36,1
4	Pour une annuité ayant encore. . . . . 1 an. . . . . . à courir. .	2 38,5
3	Pour une annuité ayant encore. . . . . . . 9 mois. . . . à courir. .	2 40,9
2	Pour une annuité ayant encore. . . . . . . 6 mois. . . . à courir. .	2 43,3
1	Pour une annuité ayant encore. . . . . . . 3 mois. . . . à courir. .	2 45,7

N° 3.

CAISSE IMMOBILIÈRE.

[T]ableau des Valeurs composant la réserve maintenue intacte, toujours disponible dans une caisse particulière, comme condition imposée à l'Établissement, pour assurer le service régulier des Obligations.

ÉPOQUES.	RÉSERVE MAINTENUE INTACTE ET DISPONIBLE DANS LA CAISSE					
	En numéraire, somme égale au montant des paiements à faire pendant un mois.		En rentes sur l'État, somme égale au montant des paiements à faire pendant 2 mois.		Total.	
	fr.	c.	fr.	c.	fr.	c.
1re année.	20,000	00	100,000	00	120,000	00
2e année.	116,923	08	233,846	16	350,769	24
3e année.	230,769	23	461,538	46	692,307	69
4e année.	341,538	46	683,076	92	1,024,615	38
5e année.	449,230	77	898,461	54	1,347,692	31
6e année.	553,846	15	1,107,692	30	1,661,538	45
7e année.	655,384	61	1,310,769	22	1,966,153	83
8e année.	753,846	15	1,507,692	30	2,261,538	45
9e année.	849,230	77	1,698,461	54	2,547,692	31
10e année.	941,538	46	1,883,076	92	2,824,615	38
11e année.	1,030,769	23	2,061,538	46	3,092,307	69
12e année.	1,116,923	08	2,233,846	16	3,350,869	24
13e année.	1,200,000	00	2,400,000	00	3,600,000	00
14e année.	1,280,000	00	2,560,000	00	3,840,000	00
15e année.	1,163,076	92	2,326,153	84	3,489,230	76
16e année.	1,049,230	77	2,098,461	54	3,147,692	31
17e année.	938,461	54	1,876,923	08	2,815,384	62
18e année.	830,769	23	1,661,538	46	2,492,307	69
19e année.	726,153	84	1,452,307	68	2,178,461	52
20e année.	624,615	38	1,249,230	76	1,873,846	14
21e année.	526,153	84	1,052,307	68	1,578,461	52
22e année.	430,769	23	861,538	46	1,292,307	69
23e année.	338,461	54	676,923	08	1,015,384	62
24e année.	249,230	77	498,461	54	747,692	31
25e année.	163,076	92	326,153	84	489,230	76
26e année.	80,000	00	160,000	00	240,000	00

N° 4.

CAISSE IMMOBILIÈRE.

Tableau des rachats d'Obligations et de leur extinction par la Caisse, avec le produit de la libé-tion anticipée des Débiteurs, dans la supposition qu'au moyen des facilités qui leur sont ménagé ils anticiperaient de trois années en moyenne le délai qui leur est accordé.

ÉPOQUES.	Montant des Obligations en circulation.	Montant des rachats effectués dans l'année.	Montant des extinctions produites par ces rachats.	Montant des obligations restant en circulation.	Somme réduite à payer dans l'année pour les intérêts et le rembour-sement du 13e.
	FR. C.	FR. C.	FR. C.	FR. C.	FR. C.
1re année.	12,000,000 00	000,000 00	000,000 00	12,000,000 00	0,000,000 00
2e année.	23,076,923 08	276,923 08	276,923 08	22,800,000 00	1,403,076 92
3e année.	33,230,769 23	553,846 15	830,769 23	32,400,000 00	2,758,153 85
4e année.	42,461,538 46	830,769 23	1,661,538 46	40,800,000 00	4,065,230 77
5e année.	50,769,230 77	1,107,692 30	2,769,230 77	48,000,000 00	5,324,307 69
6e année.	58,153,846 15	1,384,615 38	4,153,846 15	54,000,000 00	6,535,384 61
7e année.	64,615,384 62	1,661,538 46	5,815,384 62	58,800,000 00	7,698,461 53
8e année.	70,153,846 15	1,938,461 53	7,753,846 15	62,400,000 00	8,813,538 46
9e année.	64,769,230 77	2,215,384 61	9,969,230 77	64,800,000 00	9,880,615 38
10e année.	78,461,538 46	2,492,307 69	12,461,538 46	66,000,000 00	10,899,692 30
11e année.	81,230,769 23	2,769,230 77	15,230,769 23	66,000,000 00	11,870,769 23
12e année.	83,076,923 08	2,769,230 77	18,000,000 00	66,000,000 00	11,870,769 23
13e année.	84,000,000 00	2,769,230 77	20,769,230 77	66,000,000 00	11,870,769 23
14e année.	72,000,000 00	2,769,230 77	23,538,461 54	54,000,000 00	11,870,769 23
15e année.	60,923,076 92	2,492,307 69	26,030,769 23	43,200,000 00	10,467,692 30
16e année.	50,769,230 77	2,215,384 61	28,246.153 84	33,600,000 00	9,112,615 38
17e année.	41,538,461 54	1,938,461 53	30,184,615 28	25,200,000 00	7,805,138 46
18e année.	33,250,769 23	1,661,538 46	31,846,153 84	18,000,000 00	6,546.461 53
19e année.	25,846,153 84	1,384,615 38	33,230,769 23	12,000,000 00	5,335,384 61
20e année.	19,384,615 38	1,107,692 30	34,338,461 53	7,200,000 00	4,172,307 69
21e année.	14,846,153 84	830,769 27	35,169,230 77	3,600,000 00	3,057,230 77
22e année.	9,230,769 23	553,846 15	35,723,076 93	1,200,000 00	1,990,153 85
23e année.	5,538,461 53	276,923 08	36,000,000 00	0,000,000 00	971,076 92
24e année.	2,769,230 77	» »	» »	» »	» »
25e année.	923,076 92	» »	» »	» »	» »

www.ingramcontent.com/pod-product-compliance
Ingram Content Group UK Ltd.
Pitfield, Milton Keynes, MK11 3LW, UK
UKHW020420230726
13925UKWH00004B/1544

9 782014 046175